SPSS 25.0

在农业试验统计分析中的应用

● 周鑫斌　主编　　● 赵婷婷　周紫嫣　副主编

化学工业出版社

·北京·

《SPSS 25.0 在农业试验统计分析中的应用》是受国家自然科学基金资助的图书项目。

　　本书内容可归纳为两个部分。第一部分主要介绍了 SPSS for Windows 软件基本知识，包括打开软件、软件界面、数据输入方法和关闭软件以及采用 SPSS 做常用统计图的作图方法。第二部分主要介绍了植物生产类专业常用的 8 种统计方法，包括 t 检验、方差分析、卡方（χ^2）检验、相关分析、回归分析、协方差分析、聚类分析和主成分分析。

　　本书采用软件逐步操作演示方法，采用非教学性的叙述方式，深入浅出，便于理解；着重介绍统计方法和结果的分析，每种方法都配有例题，可供参考对照使用。

　　本书可作为本科生、大专生教材，也可供有关专业的教师和科研人员参考使用。

图书在版编目（CIP）数据

SPSS 25.0 在农业试验统计分析中的应用/周鑫斌主编.
—北京：化学工业出版社，2019.10
ISBN 978-7-122-35095-4

Ⅰ.①S… Ⅱ.①周… Ⅲ.①农业科学-实验-农业统计-统计分析-软件包 Ⅳ.①S-3

中国版本图书馆 CIP 数据核字（2019）第 183242 号

责任编辑：张林爽　　　　　　　　　　　装帧设计：韩　飞
责任校对：宋　玮

出版发行：化学工业出版社（北京市东城区青年湖南街 13 号　邮政编码 100011）
印　　装：大厂聚鑫印刷有限责任公司
787mm×1092mm　1/16　印张 10　字数 208 千字　　2019 年 11 月北京第 1 版第 1 次印刷

购书咨询：010-64518888　　售后服务：010-64518899
网　　址：http://www.cip.com.cn
凡购买本书，如有缺损质量问题，本社销售中心负责调换。

定　　价：68.00 元

《SPSS 25.0 在农业试验统计分析中的应用》
编写人员

主　编　周鑫斌

副主编　赵婷婷　周紫嫣

编　者　周鑫斌（西南大学）

赵婷婷（西南大学）

周紫嫣（西南大学）

赖　凡（西南大学）

赵学强（中国科学院南京土壤研究所）

王小利（贵州大学）

赵全胜（中国农业科学院农业资源与农业区划研究所）

张跃强（西南大学）

杨　静（西南大学）

前言

　　SPSS 是目前世界上通用的优秀统计软件之一，广泛应用于自然科学、社会科学的各个领域。随着软件和时代的发展，迫切需要有最新版的 SPSS 软件的配套教材和参考书。本书以简明、实用的方式，采用软件逐步操作演示方法，采用非教学性的叙述方式，应用植物生产类领域大量实例介绍了最新 SPSS 25.0 版本在生物统计中的分析方法，非常方便应用者灵活掌握。本书包含的主要内容有：SPSS for Windows 基本知识、描述统计与统计图形、t 检验、方差分析、卡方（χ^2）检验、相关分析、回归分析、协方差分析、聚类分析、主成分分析等。

　　本书着重介绍统计方法和结果的分析，每种方法都配有例题，可供参考对照使用。本书内容具有广泛的适用性，可供"试验统计方法""田间试验和统计方法""生物统计学"和"试验设计"等不同课程使用。

　　本书可作为农林院校农业资源与环境、农学、园艺、植物保护、生物技术、动物科学等专业本科生、大专生教材和课后补充阅读材料，并可供论文写作时数据统计分析之用，也可供农业科研人员进行数据统计分析时参考使用。

　　本书是编写团队十余年从事试验统计教学和科研工作的结晶，同时在编写的过程中参阅了大量相关资料，在此对各资料作者表示衷心感谢！

　　在编写中，编者虽然已尽心竭力，但限于水平与能力，书中疏漏与不当之处在所难免，敬请读者批评指正。

周鑫斌

于西南大学

2019 年 3 月 15 日

目录

第一章

SPSS for Windows
基本知识

一、SPSS 简介

SPSS 的全称为 Statistical Product and Service Solutions，即 "统计产品与服务解决方案" 软件，最初软件全称为 "社会科学统计软件包" （Statistical Package for the Social Sciences)，随着 SPSS 应用领域的不断扩大，在 2000 年 SPSS 公司正式将英文全称改为 "统计产品与服务解决方案"，这标志着 SPSS 产品战略定位有了重大调整。2010 年，SPSS 公司被 IBM 公司并购，产品的服务范围进一步扩大，创新了一系列用于统计学分析运算、数据挖掘、预测分析和决策支持任务的软件产品及相关服务。

SPSS 是世界上最早的统计分析软件，由美国斯坦福大学的三位研究生 Norman H. Nie、C. Hadlai (Tex) Hull 和 Dale H. Bent 于 1968 年研究开发成功，并在 1972 年成立了 SPSS 公司，在芝加哥组建了 SPSS 总部。SPSS 公司自成立以来，软件版本不断更新，从最初的 SPSS/PC$^+$ for Dos 到现在的 SPSS 25.0 for Windows，随着版本的不断提高，其功能越来越强大，操作也越来越简单。与其它统计软件相比，SPSS 的使用优势明显，采用图形菜单驱动界面的软件，使用界面十分友好，与传统的 Excel 界面相仿，输出结果美观大方。在 SPSS 中，无需编写程序，在 Windows 运行环境下通过菜单的选择、对话框的操作得到统计分析结果。

到目前为止，SPSS 是用户使用最多、功能最强大且操作相对简单的统计软件之一。它广泛应用于农学、植物学、动物科学、水产学和社会科学等领域，应用非常广泛。因此，对于非专业统计人员解决专业统计问题，SPSS 是最专业的统计软件。

本书是以目前市面上最流行的 SPSS 25.0 为基础编写的，书中所有统计分析内容均可在 SPSS 15.0~25.0 版本中应用。

二、SPSS for Windows 的启动与退出

在 Windows 操作系统，按照通常启动 Windows 程序的方法，单击 Windows 下的 【开始】 按钮，在所有程序下找到 "IBM SPSS Statistics"，在下拉式菜单中点击 PASW Statistics 25.0 便可启动 SPSS 25.0。

SPSS 启动后，在屏幕上显示 SPSS 主界面的对话框，如图 1-1 所示。常用的三个命令菜单为："新建文件" 下的新数据集、"最近的文件" 下的最新文件。

选择 "新建文件" 下的新数据集，表示打开全新的 SPSS 数据文件。

选择 "最近的文件" 下的最新文件，可以打开以往的 SPSS 数据文件。

也可以选择左下方的 "以后不再显示此对话框"，以后再启动 SPSS 软件时，该对话框将不再出现，单击右下角的 "关闭" 按钮或者右上角的 "×" 按钮，将在电脑屏幕上直接出现数据编辑窗口，如图 1-2 所示。

关于 SPSS 退出的方法有两种，其一，点击主菜单中的 "文件"，点击下拉菜单中的 "退出" 就可以退出 SPSS。其二，点击主菜单右上角控制框中的关闭按钮，也可以退出 SPSS。

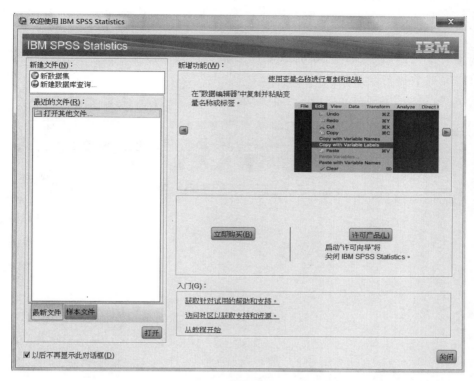

图 1-1　SPSS 启动后所弹出的对话框

三、SPSS 的主要窗口

SPSS 主要有六大窗口：数据编辑窗口、变量视图、结果输出窗口、结果编辑窗口和帮助窗口。

1. 数据编辑窗口

数据编辑窗口主要的作用是编辑数据文件，用于数据的输入、修改和查看资料中各变量的内容。数据编辑窗口界面非常友好，与 Windows 系统的 Excel 非常相似，数据编辑窗口分为两个工作表：数据视图工作表（a）和变量视图工作表（b）（图 1-2）。

数据编辑窗口中共有标题栏、菜单栏、常用工具栏、编辑显示区、视图转换栏和系统状态栏 6 个板块内容，如图 1-3 所示。

标题栏：主要用于显示文件名，若未保存则显示"无标题 1［数据集 0］-IBM SPSS Statistics 数据编辑器"，若已保存则显示保存的文件名。

菜单栏：菜单栏包括"文件""编辑""查看""数据""转换""分析""图形"等菜单，菜单栏是我们统计分析时主要用到的，功能非常强大。其中最常用的是"分析"，是统计分析过程主要的按钮。

数据单元格信息显示栏：用于显示单元格位置和单元格的内容相关信息，最右面显示的总变量数，一般不用予以关注。

编辑显示区：用于输入变量和数据，最左边一列显示序列号，最上边一行显示的是变量名称，一定要注意，最上边一行是变量名，也是统计分析时要操作的具体维度。

视图转换栏：用于统计分析时数据视图和变量视图的切换，只需要点击相应的标签就可以完成数据与变量的切换。

系统状态栏：用于显示 SPSS 当前的运行状态。

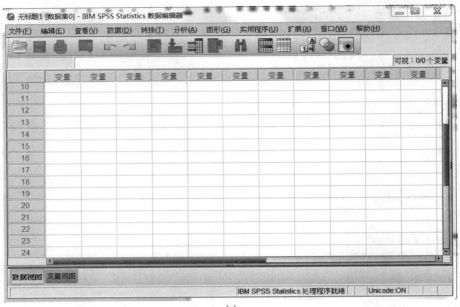

图 1-2　数据视图工作表（a）和变量视图工作表（b）

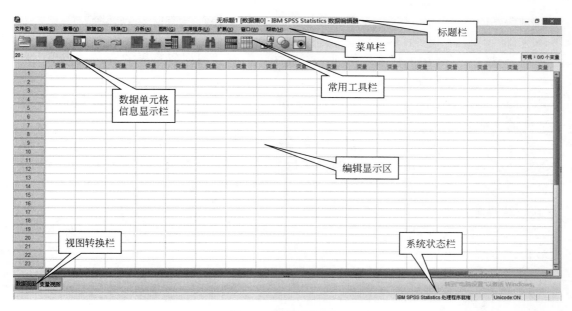

图 1-3　数据编辑窗口

2. 变量视图

变量视图用于定义、显示和编辑变量特征，如图 1-4 所示。打开变量视图，对要录入的数据进行设置，点击 VAR00001 可以对数据名称进行自定义，改好后，在数据视图的变量相应地改变。SPSS 中，变量有三种基本类型：标度型、名义型和有序型。

图 1-4　变量视图

标度型：通常也称为连续变量，表示变量的值通常是连续的、无界限的，如农田中水稻的产量等。

名义型：一般是用来代表某物的一个属性，没有任何比较排序的意义，如小麦的品种等。名义型数据的默认显示宽度为 8 个字符位，系统区分变量中的大小写字母，并且不能进行数学运算。注意，在输入数据时不应输入引号，否则引号将会作为名义型数据的一部分。

有序型：有序型变量一般是用来定义等级差别的，通常也称为有序分类变量，表示变量的值是离散的，相对有限个数的，但值之间是有顺序关系的，如不同农药的杀虫效果存在大小顺序关系。

3. 结果输出窗口

SPSS 统计软件在进行完程序设定后，点击确定，统计结果会出现在另外一个输出窗口，如图 1-5 所示。

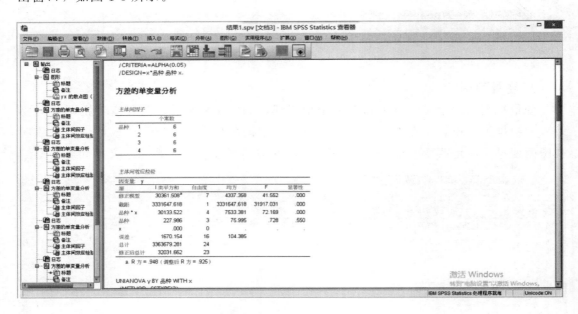

图 1-5　结果输出窗口

输出窗口由左右两部分组成，左边是导航窗口，可以选择的条目在右边显示，右边是显示窗口，主要显示统计图、表和文字说明。

4. 结果编辑窗口

结果编辑窗口是针对输出结果进行编辑的窗口。可对输出结果的 3 种形式进行编辑，使文本、图形和表格更加适合科研所需。有两种方法可以编辑，一种方法是双击该内容，内容会变暗就可以编辑了；另一种方法是点击右键，选择"编辑内容"下的"在查看器中"或"在单独窗口中"进行文本编辑、图形编辑或表格编辑。如图 1-6 所示。

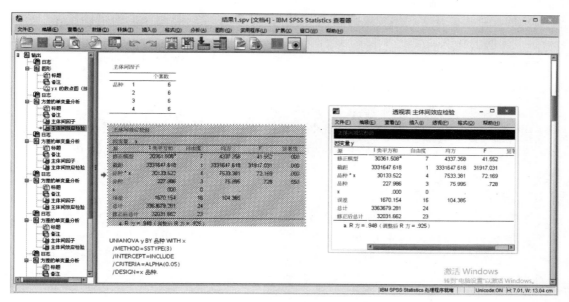

图 1-6　结果编辑窗口

四、数据文件的建立

SPSS 数据文件的建立有 2 种方法：其一是直接在 SPSS 中输入数据；其二是将数据从外部调入 SPSS，对于这些数据文件建立，一般来说包括 3 步：定义变量、输入数据和保存数据文件。

1. 定义变量

名称：变量的名称，变量名可以是中文或英文，变量名命名时最好能很好地代表该数据的实际意义。

类型：变量的类型一共有 9 项，选中某个变量的"类型"单元格，单击即可弹出对话框，选取和变量相应的类型。例如，"性别"变量一般选择"字符串"，只用于分类；而"年龄"变量一般选择"数值"，用于统计分析，可计算平均年龄。

宽度：宽度定义指的是变量的宽度，即变量的整数位数，一般系统默认为 8。

小数位数：小数位数指的是变量的小数位，系统默认为 2。另外，"字符串"变量是没有小数位的。

变量标签定义：选中某个变量的"标签"单元格，直接输入相应的内容即可定义该变量。它的作用是对变量名称做出进一步的解释和说明，避免遗忘和混淆。

值标签定义：经常用。选中某个变量的"值"单元格，单击，弹出如图 1-7 所示对话框。如：定义"类型"变量值

图 1-7　值标签

时，例如1代表氮肥，2代表磷肥。

2. 数据的输入

变量定义后，点击数据视图，就可以输入数据了，数据输入时，很多操作诸如复制、粘贴、鼠标拖放等和 Excel 非常相似，操作较为简便。

① 直接输入数据，数据录入时可以逐行录入，也可以逐列录入。

② 将 Excel 文件或数据库文件导入 SPSS。在 Excel 中输入原始数据，再复制粘贴或者用 SPSS 读取其中的数据，Excel 在数据输入方面有很多优势，建议在 Excel 中输入。

3. 数据文件的保存

SPSS 软件可以对输出的原始数据的数据视图进行保存，也可以对输出结果的结果输出窗口进行保存，具体方法是点击菜单中的文件下拉菜单的"保存"（或"另存为"），选择保存文件的地址和具体文件名后点击"确定"进行保存。数据视图保存的文件后缀名为 ∗.sav 格式；结果输出窗口保存的文件后缀名为 ∗.spv。

第二章

描述统计与
统计图形

第一节 描述统计的基本概念

1. 总体

统计所要研究事物的全体，由许多具有某种共同属性或特征的个别事物组成。例如，测量某地 155 个土样的有机质含量，这 155 个土样即为研究的总体。

2. 样本

从总体中抽取一部分个体进行研究，这部分个体的总和称为样本，由于抽取样本的方法是随机的，所获得的样本又称为随机样本。例如：在一片试验田里随机抽取 50 株小麦测量其株高以估算试验田中小麦的生长情况，则抽取的 50 株小麦称为样本，也叫随机样本。

3. 误差

误差分为偶然误差和系统误差。偶然误差是指观测、测定中由于偶然因素如微气流、微小的温度变化、仪器的轻微振动等所引起的误差。通常所讲的误差，均是指这类偶然误差。系统误差是指由于某些固定的因素引起的有确定规律的误差，其误差的符号和数值在整个试验过程中是恒定不变的，或是遵循一定规律变化的。

4. 算术平均数

样本中各个观察值的总和除以观察值的个数所得的商，称为算术平均数，常简称平均数或均数。主要适用于具有对称分布的数据，如正态分布、二项分布等。公式如下：

$$M = \frac{x_1 + x_2 + \cdots + x_n}{n}$$

式中，x_1，x_2，$\cdots$，x_n 为各个观察值；n 为观察值的个数；M 为平均数。

5. 加权平均数

样本中个体的取值因频数不同或对总体的重要性有所差异，则采用加权平均数。公式如下：

$$M = \frac{x_1 f_1 + x_2 f_2 + \cdots + x_k f_k}{f_1 + f_2 + \cdots + f_k}$$

式中，f_1，f_2，$\cdots$，f_k 为个体数据出现的频数，或是因该个体对样本贡献不同而取的不同数值，称为权重。

6. 中位数

是指将样本数据从大到小或从小到大排列，居于最中间位置的数，公式如下：

当 N 为奇数时 $m_{0.5} = X_{(N+1)/2}$

当 N 为偶数时 $m_{0.5} = \dfrac{X_{(N/2)} + X_{(N/2)+1}}{2}$

式中，$m_{0.5}$ 代表中位数；N 代表样本观察值的个数；X 代表观察值。

7. 极差

又称全距，样本中最大值与最小值之差，用 R 表示，定义式为：

$$R = x_{max} - x_{min}$$

式中，x_{max} 为最大值，x_{min} 为最小值。

8. 方差

在统计描述中，方差用来计算每一个变量（观察值）与总体均数之间的差异。为避免出现离均差总和为零，离均差平方和受样本含量的影响，统计学采用平均离均差平方和来描述变量的变异程度，简称方差（σ^2）或均方（MS）。总体方差计算公式：

$$\sigma^2 = \frac{\sum\limits_{i=1}^{N}(X_i - \mu)^2}{N}$$

式中，σ^2 为总体方差；X 为变量；μ 为总体均值；N 为变量总数。

9. 标准差

方差的正平方根称为标准差，也称标准偏差。标准差反映出样本中观察值的离散程度，标准差越小，观察值越集中，计算公式为：

$$\sigma = \sqrt{\frac{1}{N}\sum\limits_{i=1}^{N}(x_i - \mu)^2}$$

式中，变量数值 x_1，x_2，x_3，$\cdots$，x_i 皆为实数；其平均值（算术平均值）为 μ；标准差为 σ。

10. 变异系数

变异系数是一个百分数，不带单位并消除了均数不同的影响的纯数，因此可用于单位不同、均数不同的两个样本的变异度的比较，计算公式如下：

$$CV = (SD \div MN) \times 100\%$$

式中，CV 为变异系数；SD 为标准偏差；MN 为平均值。

11. 标准误

实质上是样本平均数与总体平均数之间的相对误，也称为标准误差，反映了样本平均数的离散程度，标准误越小，说明样本平均数与总体平均数越接近，否则，表明样本平均数比较离散，可推出计算公式为：

$$\sigma_x = \frac{\sigma}{\sqrt{n}}$$

式中，σ_x 为均数标准误的理论值；σ 为总体标准差；n 为样本含量。

第二节 统计图形

一、条形图

（一）单式条形图

[例 2-1] 某品种小麦杂交子二代的颗粒性状分离情况如表 2-1 所示，绘制成条形图。

表 2-1 某品种小麦杂交子二代颗粒性状分离情况

颗粒性状	次数/f	频率/%
饱粒	87	75.65
瘪粒	28	24.35
合计	115	100.00

1. 数据输入

① 进入变量视图，分别定义变量名称"颗粒性状"和"次数"，类型为"字符串"和"数值"，小数位数均为"0"，如图 2-1 所示。

名称	类型	宽度	小数	标签	值	缺失	列	对齐	度量标准	角色
颗粒性状	字符串	8	0		无	无	8	≡ 左	♣ 名义(N)	↘ 输入
次数	数值(N)	8	0		无	无	8	≡ 右	✎ 度量(S)	↘ 输入

图 2-1 〔例 2-1〕变量视图

② 进入数据视图，输入数据，如图 2-2 所示。

2. 统计分析

（1）简明分析步骤

【图形】→【旧对话框】→【条形图】

"简单箱图"→"个案组摘要"→【定义】

"其他统计量"\ 变量："次数"\ 类别轴："颗粒性状"

【确定】

（2）分析过程说明 点击菜单栏【图形】→【旧对话框】→【条形图】，弹出对话框如图 2-3 所示。

图 2-3 条形图对话框

	♣ 颗粒性状	✎ 次数
1	饱粒	87
2	瘪粒	28

图 2-2 〔例 2-1〕数据视图

选择"简单箱图"和"个案组摘要"，点击【定义】，弹出如图 2-4 所示对话框。

选择"其他统计量"，将"次数"选入变量栏，"颗粒性状"选入类别轴定义标题，点击【确定】，输出结果。

图 2-4　绘制简单箱图对话框

3. 结果说明

如图 2-5 所示，横坐标表示"颗粒性状"，纵坐标表示"均值次数"，第一列和第二列分别表示"饱粒"和"瘪粒"。两者的数量关系在单式条形图中得以鲜明展示。

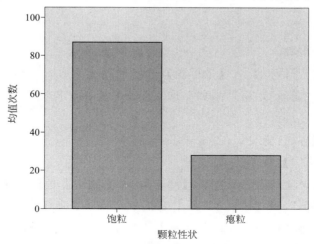

图 2-5　水稻颗粒性状柱状图

（二）复式条形图

[例 2-2] 某试验田各品种玉米生物学性状平均值如表 2-2 所示，绘制成复式条形图。

表 2-2　各品种玉米生物学性状

品种	株高/cm	茎粗/cm	穗长/cm	穗粒重/g
粒用玉米	256.4	2.56	23.0	234
鲜食玉米	263.5	2.67	22.4	221
青饲玉米	265.2	2.78	22.5	205

1. 数据输入

① 进入变量视图，分别定义变量名称"品种"，类型为"字符串"。变量"株高""茎粗""穗长""穗粒重"，类型均为数值，视题目条件准确设置小数位数，如图 2-6 所示。

名称	类型	宽度	小数	标签	值	缺失	列	对齐	度量标准	角色
品种	字符串	8	0		无	无	8	左	名义(N)	输入
株高	数值(N)	8	1		无	无	8	右	度量(S)	输入
茎粗	数值(N)	8	2		无	无	8	右	度量(S)	输入
穗长	数值(N)	8	1		无	无	8	右	度量(S)	输入
穗粒重	数值(N)	8	0		无	无	8	右	度量(S)	输入

图 2-6　[例 2-2] 变量视图

② 进入数据视图，输入数据，如图 2-7 所示。

	品种	株高	茎粗	穗长	穗粒重
1	粒用玉米	256.4	2.56	23.0	234
2	鲜食玉米	263.5	2.67	22.4	221
3	青饲玉米	265.2	2.78	22.5	205

图 2-7　[例 2-2] 数据视图

2. 统计分析

（1）简明分析步骤

【图形】→【旧对话框】→【条形图】选择"复式条形图"和"个案值"。

【定义】选择"变量"，将"品种"选入变量栏，将"株高""茎粗""穗长""穗粒重"选入条的表征栏。

【标题】对标题进行定义。

【继续】→【确定】

（2）分析过程说明　点击菜单栏【图形】→【旧对话框】→【条形图】→"复式条形图"和"个案值"→【定义】，弹出对话框如图 2-8 所示。选择"变量"，将"品种"选入变量栏，将"株高""茎粗""穗长""穗粒重"选入条的表征栏。

点击【标题】，弹出如图 2-9 所示对话框，对标题进行定义。

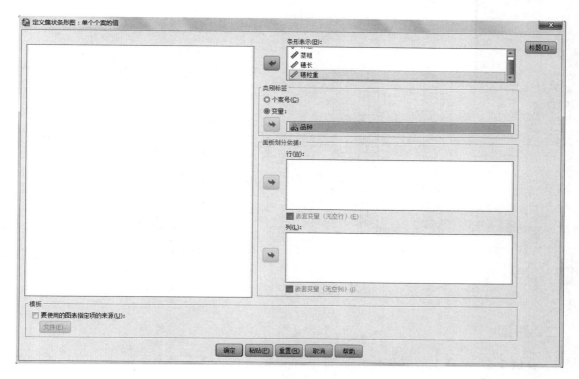

图 2-8　定义复式条形图对话框

图 2-9　定义标题对话框

点击【继续】、【确定】，输出结果。

3. 结果说明

如图 2-10 所示，横坐标表示"品种"，纵坐标表示"各生物学性状的平均值"，每品种 4 个柱状图分别表示"株高""茎粗""穗长""穗粒重"。它们的数量关系在复式条形图中得以鲜明展示。

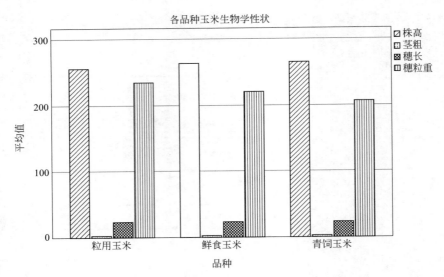

图 2-10　各品种玉米的生物学性状复式条形图输出结果

二、饼图

[例 2-3] 某省主要农作物种植面积为玉米 26%，烟草 17%，柑橘 31%，其他作物 26%，试用饼图比较不同农作物种植面积的构成比（%）。

1. 数据输入

① 进入变量视图，分别定义变量名称"农作物"，类型为"字符串"。变量"百分比"，类型为数字，设置小数位数为"1"，如图 2-11 所示。

名称	类型	宽度	小数位数	标签	值	缺失	列	对齐	测量	角色
农作物	字符串	8	0	无	无	无	8	左	名义	输入
百分比	数字	8	1	无	无	无	8	右	标度	输入

图 2-11　[例 2-3] 变量视图

② 进入数据视图，输入数据，如图 2-12 所示。

	农作物	百分比
1	玉米	26.0
2	烟草	17.0
3	柑橘	31.0
4	其他	26.0

图 2-12　[例 2-3] 数据视图

2. 统计分析

（1）简明分析步骤

【图形】→【旧对话框】→【饼图】→"个案组摘要"→【定义】

"变量总和"\ 变量："百分比"\ 分区定义依据："农作物"

（2）分析过程说明　点击菜单栏【图形】→【旧对话框】→【饼图】→"个案组摘要"→【定义】，弹出对话框如图 2-13 所示。选择"变量总和"，将"百分比"选入变量栏，将"农作物"选入定义分区。

点击【标题】，弹出如图 2-14 所示对话框，对标题进行定义。

点击【继续】、【确定】，输出结果。

图 2-13　定义图形主对话框

3. 结果说明

如图 2-15 所示，该饼图反映了该省份各种农作物种植比例的现状。由图 2-15 可知，柑橘所占比例最大，其次为玉米。

图 2-14　定义标题对话框

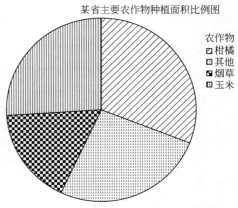

图 2-15　该省份各种农作物种植
比例的现状饼图输出结果

三、控制图

控制图（control chart）又称管理图，是用来区分引起波动的原因是否异常的一种有效工具，进而对某个过程的波动进行监测、控制和调整，不仅广泛应用于工业生产，也可应用于农业生产的质量管理中。

　　SPSS的制图过程可生成两种控制图：①个案为子组的 X 条形图、R 图和 S 图；②个案为单元的个体，移动全距控制图。下面通过两个具体例子来说明两种控制图的画法。

　　[例 2-4] 环保部门对某工厂排污水中污染物的含量进行连续监测，每天 12：00 准时在出水口采样测定，每次采样 5 个，测得连续 15 天污染物的含量数据见表 2-3，试绘制该污染物含量的控制图。

表 2-3　某工厂排污水中污染物的含量　　　　　单位：mg/L

样品	天数														
	1	2	3	4	5	6	7	8	9	10	11	12	13	14	15
1	38	41	34	37	42	43	36	31	42	36	38	42	43	42	39
2	44	49	35	40	45	39	38	37	44	46	39	38	46	40	40
3	41	40	39	39	42	44	43	35	44	37	41	38	40	45	43
4	40	40	43	43	34	48	39	46	41	43	39	42	40	41	41
5	42	35	41	41	38	51	44	48	43	41	36	35	43	38	38

1. 数据输入

　　① 进入变量视图，分别定义变量名称 "天数""样品 1""样品 2""样品 3""样品 4""样品 5"，小数位数均设为 "0"，如图 2-16 所示。

名称	类型	宽度	小数位数	标签	值	缺失	列	对齐	测量	角色
天数	数字	8	0		无	无	8	≡ 右	♣ 名义	↘ 输入
样品1	数字	8	0		无	无	8	≡ 右	✐ 标度	↘ 输入
样品2	数字	8	0		无	无	8	≡ 右	✐ 标度	↘ 输入
样品3	数字	8	0		无	无	8	≡ 右	✐ 标度	↘ 输入
样品4	数字	8	0		无	无	8	≡ 右	✐ 标度	↘ 输入
样品5	数字	8	0		无	无	8	≡ 右	✐ 标度	↘ 输入

图 2-16　[例 2-4] 变量视图

　　② 切换到数据视图，依据题目条件依次输入数据，如图 2-17。

	天数	样品1	样品2	样品3	样品4	样品5
1	1	38	44	41	40	42
2	2	41	49	40	40	35
3	3	34	35	39	43	41
4	4	37	40	39	43	41
5	5	42	45	42	34	38
6	6	43	39	44	48	51
7	7	36	38	43	39	44
8	8	31	37	35	46	48
9	9	42	44	44	41	43
10	10	36	46	37	43	41
11	11	38	39	41	39	36
12	12	42	38	38	42	35
13	13	43	46	40	40	43
14	14	42	40	45	41	38
15	15	39	40	43	41	38

图 2-17　[例 2-4] 数据视图

2. 统计分析

（1）简明分析步骤

【分析】→【质量控制】→【控制图】

变量图表："X 条形图、R 图、S 图" \ 数据组织："个案是子组"

【定义】在定义窗口中，将样品 1～5 选入"样本数"框，将"天数"选入"子组的标注依据"，图表栏中选择"使用范围的 X 条形图"。

【确定】

（2）分析过程说明 这里绘制第一种控制图（个案为子组的 X 条形图、R 图和 S 图）。依次点击【分析】→【质量控制】→【控制图】，弹出控制图窗口（图 2-18）。

在控制图窗口中，依次选择"X 条形图、R 图、S 图""个案是子组"，然后进行定义（图 2-19）。

图 2-18 绘制控制图对话框

图 2-19 定义控制图

在定义窗口中，将样品 1～5 选入样本数框，将"天数"选入子组的标注依据框，图表栏中选择"使用范围的 X 条形图"，点击【确定】（图 2-20）。

3. 结果说明

生成的控制图如图 2-21 所示。从图中可知，控制图上一般有 3 条线：中心线（center line，一般记为 CL），上控制线（upper center line，记为 UCL），下控制线（lower center line，记为 LCL）。所谓控制图是将测量的各控制点描在图上，如果控制

图 2-20   使用范围的 X 条形图对话框

点全部落在上、下控制线之间，且点的散布没有明显的规律性，则认为该过程处于控制状态，反之则存在异常，需要查明原因，清除异常。

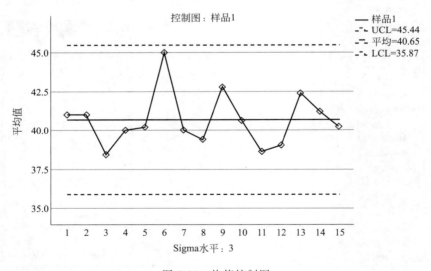

图 2-21   均值控制图

图 2-21 为均值（mean）控制图，中心线 average＝40.65，它是全部观测值的总平均数；UCL＝45.44；LCL＝35.87。所有测定值均在上、下控制线内随机波动，说明整个系统处于控制状态。

图 2-22 为极差（range，记为 R）控制图，中心线 average＝8.40，它是每一次抽样测量的 5 个样本中最大值与最小值之差的算术平均数。UCL＝17.76，LCL＝0.00，UCL 的值是根据极差 R 的分布规律借助相应的公式计算出来的。

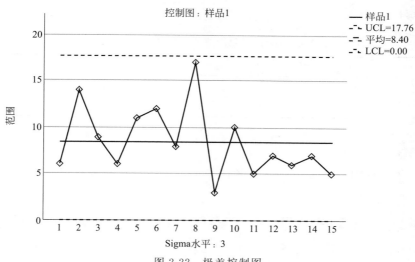

图 2-22 极差控制图

如果在图 2-20 所示的"图表"栏里选择"使用标准差的 X 条形图",将生成均值控制图和标准差控制图,其中均值控制图与图 2-21 一样,标准差控制图如图 2-23 所示。中心线 average＝3.35,UCL＝7.00,LCL＝0.00。

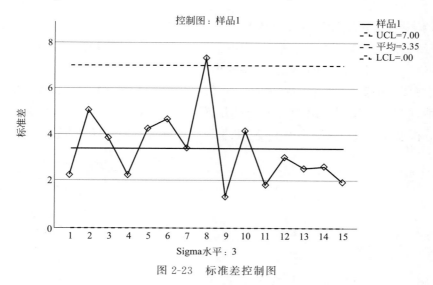

图 2-23 标准差控制图

从以上 3 个控制图可以得出结论:该工厂排放污水 15 天内污染物含量一直处于控制线范围内,即污染物含量一直处于稳定状态。

四、箱图

箱图(box-plot)又称为盒须图、盒式图或箱线图,是描述变量值分布的一种统计图形。箱图可以反映变量值的中位数、四分位数等特征值。SPSS 可以制作常用的 2 种箱式图:①简单箱式图;②分簇箱图。下面以一例题说明简单箱式图的制作方法。

[例 2-5] 某重金属污染治理试验,设置治理与不治理两个处理进行水稻栽培试验,

重复 5 次，采用完全随机化设计，试验结果如表 2-4 所示，试根据数据制作简单箱式图。

表 2-4 重金属污染治理试验结果水稻产量表 单位：kg/亩

重复	1	2	3	4	5
治理	375	405	365	390	395
不治理	275	306	251	94	325

注：1 亩≈666.7m^2。

1. 数据输入

① 进入变量视图，分别定义变量名称"治理""不治理"，小数位数均设为"0"，如图 2-24 所示。

名称	类型	宽度	小数位数	标签	值	缺失	列	对齐	测量	角色
治理	数字	8	0		无	无	8	右	标度	输入
不治理	数字	8	0		无	无	8	右	标度	输入

图 2-24 ［例 2-5］ 变量视图

② 进入数据视图，完成数据输入，如图 2-25 所示。

2. 统计分析

（1）简明分析步骤

【分析】→【描述统计】→【探索】

因变量列表："治理""不治理"\ 输出："图" 在弹出的【探索】对话框，将"治理"\"不治理"都移入因变量列表。在输出中选择"图"。

【图】→【箱图】→"因变量并置"→【继续】→【确定】 点击【图】按钮，在弹出的对话框中设置箱图分组为"因变量并置"，点击【继续】→【确定】。

（2）分析过程说明 点击菜单中【分析】→【描述统计】→【探索】，如图 2-26 所示。

	治理	不治理
1	375	275
2	405	306
3	365	251
4	390	94
5	395	325

图 2-25 ［例 2-5］ 数据视图

分析(A)	图形(G)	实用程序(U)	扩展(X)	窗口
报告(P) ▶				
描述统计(E) ▶	123 频率(F)…			
贝叶斯统计(B) ▶	描述(D)…			
表(B) ▶	探索(E)…			
比较平均值(M) ▶	交叉表(C)…			
一般线性模型(G) ▶	TURF 分析			
广义线性模型(Z) ▶	比率(R)…			
混合模型(X) ▶	P-P 图…			
相关(C) ▶	Q-Q 图…			
回归(R) ▶				

图 2-26 程序的选择

在弹出的【探索】对话框，将"治理""不治理"都移入因变量列表。在输出中选择"图"，如图 2-27 所示。

再点击【图】按钮，在弹出的对话框中设置箱图分组为"因变量并置"，点击【继续】→【确定】，如图 2-28 所示。

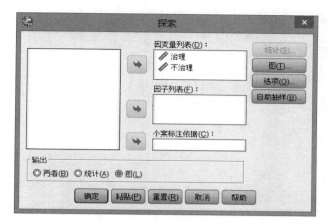

图 2-27 探索对话框

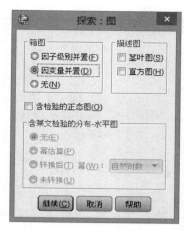

图 2-28 设置箱图对话框

3. 结果说明

图形输出如图 2-29 所示，其中矩形框为箱图主体，箱的上边缘与下边缘之差称为箱长，也称为"内四分位限"或"百分位差"，它包含了变量约 50% 的数值，中间的竖线称为"触须线"，与它连接的两条横线分别表示最大值和最小值。此外，若变量值超过箱上边缘或低于箱下边缘的数值超过箱长的 1.5 倍，称为"异常值"，用圆圈标记。

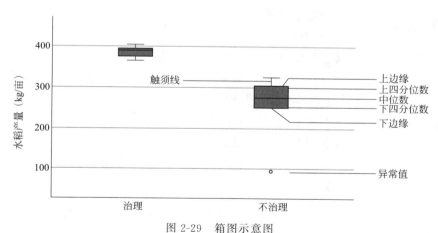

图 2-29 箱图示意图

五、直方图

[例 2-6] 某试验田 50 行水稻产量数据如表 2-5 所示，试根据所给数据制作直方图。

表 2-5 试验水稻产量 　　　　　　　　　　　　　　　　　　　　　　单位：g

1 组	2 组	3 组	4 组	5 组
177	215	197	97	123
161	214	125	175	219

续表

1 组	2 组	3 组	4 组	5 组
214	95	158	83	137
98	97	129	143	179
163	176	102	194	145
131	189	91	142	140
183	97	119	181	149
116	254	239	160	172
173	181	188	211	197
192	231	163	159	158

1. 数据输入

① 进入变量视图，定义变量名称"水稻产量"，小数位数设为"0"，如图 2-30 所示。

名称	类型	宽度	小数位数	标签	值	缺失	列	对齐	测量	角色
水稻产量	数字	8	0		无	无	8	画 右	标度	输入

图 2-30　[例 2-6] 变量视图

② 进入数据视图，根据题干输入数据。如图 2-31 所示。

2. 统计分析

（1）简明分析步骤

【分析】→【描述统计】→【频率】

变量："水稻产量"\ "显示频率表" 在弹出的"频率"对话框中将"水稻产量"移入变量栏，勾选"显示频率表"。

【图表】→【直方图】

【继续】→【确定】

（2）分析过程说明　点击菜单栏【分析】→【描述统计】→【频率】，如图 2-32 所示。

	水稻产量
1	177
2	161
3	214
4	98
5	161
6	131
7	183
8	116
9	173
10	192
11	215
12	214
13	95
14	97
15	176
16	189
17	97
18	254
19	181
20	231
21	197
22	125
23	158

图 2-31　[例 2-6]
数据视图

分析(A)	图形(G)	实用程序(U)	扩展(X)	窗口
报告(P)	▶			
描述统计(E)	▶	频率(F)...		
贝叶斯统计(B)	▶	描述(D)...		
表(B)	▶	探索(E)...		
比较平均值(M)	▶	交叉表(C)...		
一般线性模型(G)	▶	TURF 分析		
广义线性模型(Z)	▶	比率(R)...		
混合模型(X)	▶	P-P 图...		
相关(C)	▶	Q-Q 图...		
回归(R)	▶			

图 2-32　分析程序选择

在弹出的【频率】对话框中将"水稻产量"移入变量栏，勾选"显示频率表"，如图 2-33 所示。

点击【图表】按钮，在弹出的对话框中设置图表类型为"直方图"，根据需要勾选"在直方图中显示正态曲线"，如图 2-34 所示。

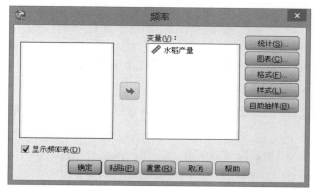

图 2-33　频率对话框

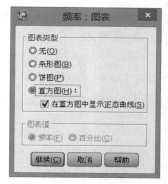

图 2-34　图表对话框

点击【继续】、【确定】，查看输出结果。

3. 结果说明

如图 2-35 所示，直方图由一系列高度不等的纵向条纹组成，是连续变量的概率分布的估计，显示了各区间变量出现的概率。由图可知，水稻产量 150～200g 之间出现的概率最高，两边依次降低，但 100g 以下的数量偏多，因此这个小样本并不满足正态分布的规律。

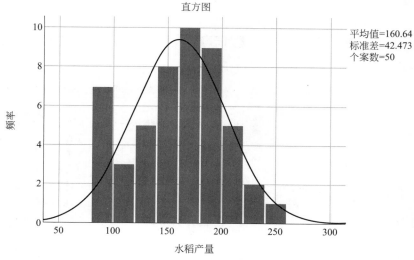

图 2-35　水稻产量直方图输出结果

六、散点图

散点图是指在回归分析中，数据点在直角坐标平面上的分布图，是直观反映变量之间相关关系的统计图。常见的有 4 种散点图：①简单散点图；②重叠散点图；③矩阵散点图；④三维散点图。现通过一例简述最常用的简单散点图的画法。

［**例 2-7**］表 2-6 是对某高产棉田的部分调查资料。试根据资料画出简单散点图。

表 2-6　某高产棉田种植密度与铃数的关系

每亩株数/千株	6.21	6.29	6.38	6.50	6.52	6.55	6.61	6.77	6.82	6.96
每株铃数	10.2	11.8	9.9	11.7	11.1	9.3	10.3	9.8	8.8	9.6

1. 数据输入

① 进入变量视图，定义变量名称"每亩株数（千株）"，小数位数设为"2"；定义"每株铃数"，小数位数设为"1"，如图 2-36 所示。

名称	类型	宽度	小数位数	标签	值	缺失	列	对齐	测量	角色
每亩株数（千…	数字	8	2		无	无	8	疊右	✎标度	↘输入
每株铃数	数字	8	1		无	无	8	疊右	✎标度	↘输入

图 2-36　［例 2-7］变量视图

② 进入数据视图，输入数据。如图 2-37 所示。

2. 统计分析

（1）简明分析步骤

【图形】→【旧对话框】→【散点图/点图】

【简单散点图】→【定义】

"每亩株数"→X 轴 \ "每株铃数"→Y 轴　将两个变量分别移入 X 轴、Y 轴框中，点击【标题】。

定义标题　定义标题为"棉花种植密度与铃数的关系"。

【继续】→【确定】

（2）分析过程说明　点击菜单栏【图形】→【旧对话框】→【散点图/点图】，如图 2-38 所示。

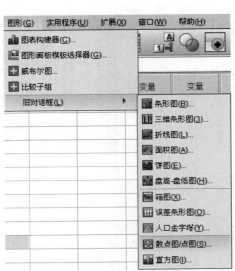

	每亩株数（千株）	每亩铃数
1	6.21	10.2
2	6.29	11.8
3	6.38	9.9
4	6.50	11.7
5	6.52	11.1
6	6.55	9.3
7	6.61	10.3
8	6.77	9.8
9	6.82	8.8
10	6.96	9.6

图 2-37　［例 2-7］数据视图

图 2-38　分析程序选择

在对话框中选择"简单散点图",点击【定义】,如图 2-39 所示。

将两个变量分别移入 X 轴、Y 轴框中,点击【标题】,如图 2-40 所示。

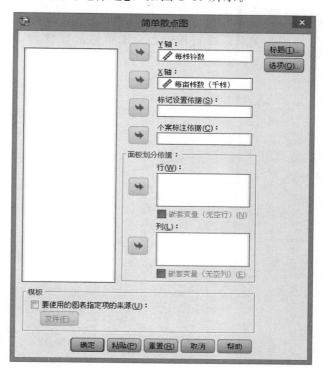

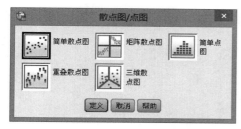

图 2-39　绘制散点图选择框

图 2-40　绘制简单散点图选择框

在第一行(L)中写入"棉花种植密度与铃数关系",如图 2-41 所示。

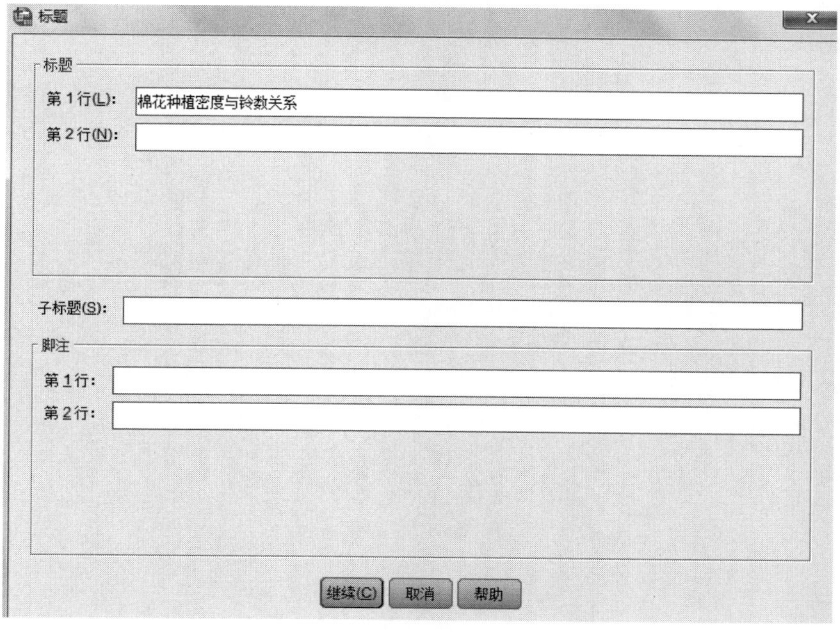

图 2-41　定义标题对话框

点击【继续】、【确定】，输出结果。

3. 结果说明

如图 2-42 所示，以"每亩株数"为横坐标，以"每株铃数"为纵坐标，两者大致呈负相关关系，即每株铃数会随着每亩株数的增加而减少。关系式为 $y = -2.323x + 25.492$，$r^2 = 0305$。

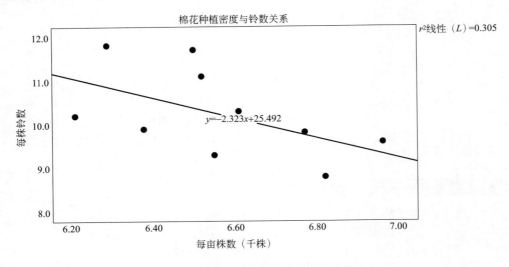

图 2-42　每亩株数与铃数的关系输出结果

t 检验

统计假设检验的方法很多，常用的有 t 检验、F 检验、卡方（χ^2）检验、K-S 检验等。尽管这些检验方法的用途和计算公式不同，但其检验的基本原理和基本步骤是相同的。

统计假设检验的基本方法：

① 对所研究的总体提出一个无效假设，无效假设通常为两个总体间无差异；

② 承认无效假设的前提下，获得平均数的抽样分布，计算假设正确的概率；

③ 根据"小概率事件不可能发生原理"接受或否定无效假设。

t 检验的使用条件：当需要检验两个总体（样本）间平均数差异，就可以采样 t 检验，t 检验要求样本来自正态分布，一般包括三种检验方法，即单个样本 t 检验、配对样本 t 检验和两组独立样本 t 检验。

第一节　单个样本 t 检验

[**例 3-1**] 为了提高冬小麦的产量，在小麦生育后期，在 10 个地块采用喷施磷肥（KH_2PO_4）措施，以观察喷施磷肥对增加小麦粒重的影响。喷施磷肥收获后 10 个地点小麦千粒重（g）分别为 37.0，38.0，36.0，39.0，38.0，39.0，38.0，39.0，37.0，38.0。已知：一般大田小麦千粒重平均为 36.0g，问喷施磷肥对增加小麦千粒重是否有效？

1. 数据输入

① 启动 SPSS 后，点击"变量视图"进入定义变量工作表，输入变量名"千粒重"，小数位数依据题意定义为"1"。

② 点击工作表下方的"数据视图"工作表，按图 3-1 的格式输入数据。

2. 统计分析

（1）简明分析步骤

【分析】→【比较均值】→【单样本 t 检验】

检验变量（T）："千粒重"　　　　　　分析的变量为"千粒重"。

检验值：键入 36.0　　　　　　　　　已知标准值 36.0。

点击【确定】

（2）分析过程说明

单击主菜单【分析】→【比较均值】→【单样本 t 检验】，弹出如图 3-2 所示对话框，选中左边框中"千粒重"，按三角箭头按钮，将其移入检验变量框中，在底部检验值框内输入标准值 36，点击【确定】按钮，得到输出结果如表 3-1、表 3-2 所示。

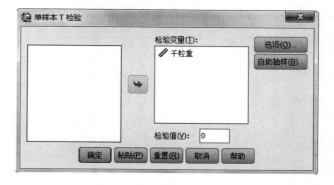

	✎ 千粒重
1	37.0
2	38.0
3	36.0
4	39.0
5	38.0
6	39.0
7	38.0
8	39.0
9	37.0
10	38.0

图 3-1　[例 3-1] 数据输入　　　　图 3-2　单个样本 t 检验对话框

输出结果：

表 3-1　基本统计量信息（单样本统计）

	个案数	平均值	标准偏差	标准误差平均值
千粒重	10	37.90	.9944	.3145

表 3-2　t 检验和 95% 的置信区间（单样本检验）

	检验值＝0					
	t	自由度	Sig.（双尾）	平均值差值	差值 95% 置信区间	
					下限	上限
千粒重	120.522	9	.000	37.9000	37.189	38.611

3. 结果说明

由表 3-1 可知，样本平均值为 37.90，样本标准偏差为 0.9944，标准误差平均值为 0.3145。

由表 3-2 可知，样本自由度为 9，Sig.（双尾）＝ 0.000；置信区间为 (37.189，38.611)。

因为 Sig.（双尾）＝0.000＜0.01，所以喷施磷肥的小麦样本千粒重平均数与一般大田小麦千粒重之间差异极显著，即喷施磷肥可极显著增加小麦千粒重。

第二节　两个独立样本的 t 检验

[例 3-2] 某重金属污染治理试验，设置治理与不治理 2 个处理进行水稻栽培试验。重复 5 次，采用完全随机化设计，试验结果如表 3-3。试检验处理措施有无显著效果？

表 3-3　治理重金属污染试验结果水稻产量　　　单位：kg/666.7m²

重复	1	2	3	4	5
治理	375	405	365	390	395
不治理	275	306	251	240	325

1. 数据输入

① 启动 SPSS 后，点击"变量视图"进入定义变量工作表，分别命名"组别"和"产量"两变量，小数位数依据题意均定义为"0"，如图 3-3 所示。"组别"取值 1 表示治理，取值 2 表示不治理。

	名称	类型	宽度	小数位数	标签	值	缺失	列	对齐	测量	角色
1	组别	数字	8	0		无	无	8	▣ 右	✐ 标度	↘ 输入
2	产量	数字	8	0		无	无	8	▣ 右	✐ 标度	↘ 输入

图 3-3　〔例 3-2〕变量命名

② 点击工作表下方的"数据视图"工作表，按图 3-4 的格式输入数据。

2. 统计分析

（1）简明分析步骤

【分析】→【比较均值】→【独立样本 t 检验】

检验变量（T）："产量"　　　分析的变量为"产量"。

分组变量（G）："组别"　　　分组变量为"组别"。

点击【定义组（D）】

组 1：输入 1　　　　　1 代表治理。

组 2：输入 2　　　　　2 代表不治理。

点击【继续】→【确定】

	✐ 组别	✐ 产量
1	1	375
2	1	405
3	1	365
4	1	390
5	1	395
6	2	275
7	2	306
8	2	251
9	2	240
10	2	325

图 3-4　〔例 3-2〕数据输入

（2）分析过程说明　单击主菜单【分析】→【比较均值】→【独立样本 t 检验】，弹出如图 3-5 所示对话框，选中"产量"，将其置入检验变量（T）框中，选中"组别"，将其置入分组变量（G）框中。

单击【定义组（D）】，弹出如图 3-6 所示对话框，在"组 1"中输入"1"，"组 2"中输入"2"。点击【继续】按钮返回，点击【确定】即可得到输出结果表 3-4、表 3-5。

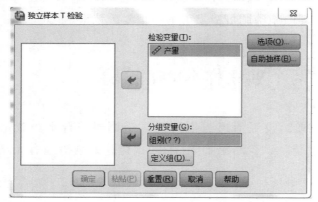

图 3-5　独立样本 t 检验对话框

图 3-6　定义组对话框

表 3-4　两种处理方式对产量的影响的统计量

组别	个案数	平均值	标准偏差	标准误差平均值
1	5	386.00	15.969	7.141
2	5	279.40	35.935	16.070

表 3-5　两种处理方式对产量的影响的 t 检验结果

(独立样本检验)

		莱文（Levene）方差等同性检验		平均值等同性 t 检验						
		F	显著性	t	自由度	Sig.（双尾）	平均值差值	标准误差差值	差值95%置信区间	
									下限	上限
产量	假定等方差	4.325	.071	6.062	8	.000	106.600	17.586	66.047	147.153
	不假定等方差			6.062	5.521	.001	106.600	17.586	62.647	150.553

3. 结果说明

由表 3-4 可知，组 1（治理）的平均值为 386.00，样本标准偏差为 15.969，标准误差平均值为 7.141；组 2（不治理）的平均值为 279.40，样本标准偏差为 35.935，均数标准误差为 16.070。

由表 3-5，根据方差方程的 Levene 检验，显著性值为 0.071＞0.05，故方差齐性，故看假定等方差的一行：平均值差值为 106.600，标准误差差值为 17.586，置信区间为（66.047，147.153），t 值为 6.062，自由度为 8，Sig.（双尾）= 0.000。因为 Sig.（双尾）= 0.000＜0.01，所以差异极显著，即重金属污染治理与不治理两种处理方式下的水稻产量之间存在极显著差异，也即重金属污染治理对提高水稻产量有极显著效果。

第三节　配对样本 t 检验

[**例 3-3**] 大豆磷肥肥效试验，选择土壤和其他条件近似的相邻两小区组成一对，其中一区施磷肥（$10kg/666.7m^2$），另一区不施磷肥，重复 7 次，产量结果如表 3-6 所示。试检验大豆施磷肥是否存在增产效果？

表 3-6　大豆磷肥施用效果试验结果　　　　　　单位：$kg/666.7m^2$

重复	Ⅰ	Ⅱ	Ⅲ	Ⅳ	Ⅴ	Ⅵ	Ⅶ
X_1（施磷肥）	170	158	182	176	163	187	168
X_2（不施磷肥）	155	145	132	138	146	129	137

1. 数据输入

① 启动 SPSS 后，点击"变量视图"进入定义变量工作表，分别命名"施磷肥"和"不施磷肥"两变量，小数位数依据题意均定义为"0"，如图 3-7 所示。

② 点击工作表下方的"数据视图"工作表，按图 3-8 的格式输入数据。

	名称	类型	宽度	小数位数	标签	值	缺失	列	对齐	测量	角色
1	施磷肥	数字	8	0		无	无	7	▦ 右	⏛ 标度	↘ 输入
2	不施磷肥	数字	8	0		无	无	7	▦ 右	⏛ 标度	↘ 输入

图 3-7　［例 3-3］变量命名

2. 统计分析

（1）简明分析步骤

【分析】→【比较均值】→【配对样本 t 检验】

配对变量（V）框："施磷肥-不施磷肥"　　　　先后单击变量名成对选入。

点击【确定】

（2）分析过程说明　单击主菜单【分析】→【比较均值】→【配对样本 t 检验】，弹出如图 3-9 所示对话框，同时选中"施磷肥"和"不施磷肥"两个变量，将其置入配对变量（V）框中，点击【确定】即可得到输出结果表 3-7～表 3-9。

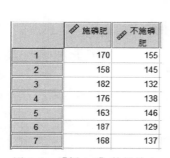

	施磷肥	不施磷肥
1	170	155
2	158	145
3	182	132
4	176	138
5	163	146
6	187	129
7	168	137

图 3-8　［例 3-3］数据输入　　　　图 3-9　成对样本 t 检验对话框

表 3-7　施磷肥前后产量的基本统计量

（配对样本统计）

		平均值	个案数	标准偏差	标准误差平均值
配对 1	施磷肥	172.00	7	10.312	3.897
	不施磷肥	140.29	7	8.976	3.393

表 3-8　施磷肥前后产量的相关关系

（配对样本相关性）

	个案数	相关性	显著性❶
配对 1　施磷肥 & 不施磷肥	7	−.711	.073

表 3-9　施磷肥前后产量的 t 检验结果

（配对样本检验）

	配对差值					t	自由度	Sig.（双尾）
	平均值	标准偏差	标准误差平均值	差值 95% 置信区间				
				下限	上限			
配对 1　施磷肥-不施磷肥	31.714	17.849	6.746	15.207	48.221	4.701	6	.003

---

❶　显著性（significance），也记为 Sig 值或 Sig. 代表显著性检验的 P 值。——编者注

3. 结果说明

由表 3-7 可知，施磷肥的产量平均数为 172.00kg/666.7m^2，样本标准偏差为 10.312，标准误差平均值为 3.897；不施磷肥的产量平均数为 140.29kg/666.7m^2，样本标准偏差为 8.976，标准误差平均值为 3.393。

表 3-8 为施磷肥前后的相关分析，相关系数为 -0.711，双尾 P 值（即 Sig.）= 0.073＞0.05，表明施磷肥前后产量不存在线性关系。

由表 3-9 可知，均值为 31.714，标准差为 17.849，标准误差平均值为 6.746，置信区间为（15.207，48.221），t 值为 4.701，自由度为 6，Sig.（双尾）= 0.003。

因为 $t > t_{0.05}$，Sig.（双尾）= 0.003＜0.05，所以增施磷肥与不增施磷肥的大豆产量差异显著，即：大豆施磷肥存在显著增产效果。

第四章

方差分析

方差分析（ANOVA）又称"变异数分析"或"F 检验"，是 R. A. Fister 发明的，用于三个以上样本均数差别的显著性检验，是在划分变异因素的基础上，进而计算各变异因素的方差，从而进行方差比较的一种统计检验方法。

方差分析主要用于多个样本（≥3）平均数的比较，各个样本应是相互独立的随机样本，服从或近似服从于正态分布，同时具有方差齐性（即各样本的总体方差差异不显著）。现将方差分析中常用术语归纳如下。

因素：是指可能对因变量有影响的变量，试验的目的就是比较某因素不同水平对因变量的影响，例如研究不同品种的肥料对小麦产量的影响，肥料就是这个试验中的因素。

水平：因素的不同取值等级称为水平，如上例中的水平为肥料的不同品种。

重复：在一个试验中，将一个处理实施在两个或两个以上的试验单元上，称为试验有重复。

试验处理：事先设计好的实施在试验单元上的具体项目称为试验处理。单因素试验时，试验因素的一个水平就是一个处理；多因素试验时，试验因素的一个水平组合就是一个处理。

试验指标：指在试验中具体测定的项目，以评价试验结果的好坏，如水稻的产量、玉米的茎高等。

试验效应：试验因素对试验指标所起的增加或减少的作用称为试验效应（experimental effect）。

简单效应：在同一因素内两种水平间试验指标的相差属简单效应（simple effect）。

主要效应：一个因素内各简单效应的平均数称平均效应，亦称主要效应（main effect），简称主效。

交互效应：当方差分析的影响因子不唯一时，必须注意这些因子间的相互影响。如果因子间存在相互影响，称之为"交互效应"；如果因子间是相互独立的，则称为无交互影响。交互效应是对实验结果产生作用的一个新因素，分析过程中，有必要将它的影响作用也单独分离开来。

多因素方差分析的基本原理：多因素方差分析用来研究两个及两个以上控制变量是否对观测变量产生显著影响。这里，由于研究多个因素对观测变量的影响，因此称为多因素方差分析。多因素方差分析不仅能够分析多个因素对观测变量的独立影响，更能够分析多个控制因素的交互作用能否对观测变量的分布产生显著影响，进而最终找到利于观测变量的最优组合。

方差齐性检验的体现：除了对两个研究总体的总体平均数的差异进行显著性检验以外，还需要对几个独立样本所属总体的总体方差的差异进行显著性检验，统计学上称为方差齐性检验。方差齐性实际上是指要比较的两组或多组数据的分布是否一致，通俗来说就是两者是否适合比较，也就是说两者或多者数据的来源是否相同。一般方差分析数据都是方差齐性的，也就是说来源相同，可以比较。

为什么要进行方差分析：检验两个样本的差异显著性，t 检验无疑是一个很有效的方法，但在实际中，一个试验往往包含多个样本，设为 K 个（≥3），对于 K 个样本之间的显著性检验，如果采用 t 检验，则需 $C_K^2 = \frac{1}{2}K(K-1)$ 次假设检验，当 $K=10$ 时，就要作 45 次。这样不仅麻烦，而且更重要的是，这种两两检验的方法会随 K 的增加而使显著水平 α 扩大，也就是增加犯 α 错误的概率。对于多个样本的差异显著性检验，1923 年费休（Fisher）提出的方差分析是一种更为合适的统计方法。应用方差分析不仅可以完满地解决以上问题，而且可以作出精度更高的检验结果。方差分析的内容十分丰富，是分析资料的一个强有力的工具。特别是在多因素试验中，它可以帮助我们发现起主导作用的变异来源，从而抓住主要矛盾或关键措施。

第一节　单因素方差分析

　　[例 4-1] 为探索锌肥对水稻的最佳用量及其致毒量，设置 Zn_0、Zn_1、Zn_2、Zn_3、Zn_4 共 5 个水平，进行田间试验，重复 4 次，采用完全随机化设计，试验结果列于表 4-1。试分析不同水平的锌肥对水稻产量的影响。

表 4-1　水稻锌肥试验结果表　　　　　　　　单位：kg/小区

处理	Zn_0	Zn_1	Zn_2	Zn_3	Zn_4
水稻产量	22	22	24	24	22
	23	24	25	27	23
	20	22	23	24	21
	20	20	22	23	21

1. 数据输入

　　本题中试验因素是一个（锌肥），因素水平是 5 个（5 个水平），试验指标是水稻产量，共 20 个观测值。

　　① 启动 SPSS 后，点击"变量视图"进入定义变量工作表，用名称命令命名变量"锌肥水平"，变量类型为"数字"，小数位数定义为"0"，用 1、2、3、4、5 分别代表不同水平的锌肥。命名另一变量为"水稻产量"，变量类型为"数字"，小数位数定义为"0"，如图 4-1 所示。

名称	类型	宽度	小数位数	标签	值	缺失	列	对齐	测量	角色
锌肥水平	数字	8	0		无	无	8	▦ 右	♣ 名义	⬎ 输入
水稻产量	数字	8	0		无	无	8	▦ 右	⬧ 标度	⬎ 输入

图 4-1　[例 4-1] 定义变量视图

　　② 点击工作表下方的"数据视图"，进入"数据视图"工作表，按照图 4-2 所示输入数据。

2. 统计分析

（1）简明分析步骤

【分析】→【比较平均值】→【单因素 ANOVA 检验】

因变量列表框："水稻产量"\ 因子框："锌肥水平"

【事后比较】："LSD""S-N-K""邓肯"

【选项】："描述""方差齐性检验""平均值图"

【继续】→【确定】

（2）分析过程说明　点击主菜单【分析】，出现下拉菜单，在下拉菜单中点击【比较平均值】，在弹出的小菜单中点击【单因素 ANOVA 检验】，进入"单因素方差分析"对话框。将变量"水稻产量"放入因变量列表框，将变量"锌肥水平"放入因子框，如图 4-3 所示。

	锌肥水平	水稻产量
1	1	22
2	1	23
3	1	20
4	1	20
5	2	22
6	2	24
7	2	24
8	2	20
9	3	24
10	3	25
11	3	23
12	3	22
13	4	24
14	4	27
15	4	24
16	4	23
17	5	22
18	5	23
19	5	21
20	5	21

图 4-2　[例 4-1]数据输入格式

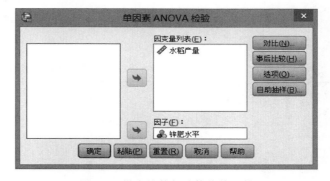

图 4-3　样本均数与总体均数比较

点击图 4-3 中的【事后比较】按钮，弹出如图 4-4 所示对话框，本题中勾选"LSD""S-N-K"和"邓肯"。

图 4-4　[例 4-1]多重比较对话框

说明：用方差分析对多组数据进行 F 检验后，如果差异显著，还需对不同锌肥水平间的增产效果进行事后多重比较，也就是两两比较，通过对多组平均数的事后比较，以找出哪两组之间存在显著性差异。

图 4-5 选项对话框

LSD：最小均数极差法，是用 t 检验法完成各组均数间的比较，检验的敏感度最高，最容易得出两组数据之间存在着显著性差异。

S-N-K：又称为 Q 法，是 Student-Newman-Keuls test 法的简称，运用比较广泛，采用 Student Range 分布进行所有各组均值间的两两比较。

邓肯：又称为 Duncan 法，通过指定一系列的 Range 值，逐步进行计算比较得出结论。

点击【选项】按钮，弹出如图 4-5 所示对话框，在本题中勾选"描述""方差齐性检验"和"平均值图"。

点击图 4-5 中的【继续】按钮，返回到图 4-3 对话框，点击【确定】按钮，输出结果如表 4-2～表 4-7 和图 4-6 所示。

3. 结果说明

表 4-2　描述性统计指标

锌肥水平	个案数	平均值	标准 偏差	标准 误差	平均值的 95％ 置信区间		最小值	最大值
					下限	上限		
1	4	21.25	1.500	.750	18.86	23.64	20	23
2	4	22.00	1.633	.816	19.40	24.60	20	24
3	4	23.50	1.291	.645	21.45	25.55	22	25
4	4	24.50	1.732	.866	21.74	27.00	23	27
5	4	21.75	.957	.479	20.23	23.27	21	23
总计	20	22.60	1.789	.400	21.76	23.44	20	27

表 4-2 是该资料的一些描述性指标，分别为 5 种锌肥水平对应水稻产量的平均值、标准偏差、标准误差、平均值的 95％ 的置信区间、最大值和最小值。

表 4-3　方差齐性检验

		莱文统计	自由度 1	自由度 2	显著性
水稻产量	基于平均值	.300	4	15	.873
	基于中位数	.150	4	15	.960
	基于中位数并具有调整后自由度	.150	4	8.661	.958
	基于剪除后平均值	.273	4	15	.891

表 4-3 是方差齐性检验的结果，一般看表的"基于平均值"对应的最后一列"显著性"的值（Sig 值），如果 Sig 值大于 0.05，则表示方差齐性，统计结果可以继续往

下进行；如果 Sig 值小于 0.05，则表示方差不齐，需要选择非参数检验方法或者对原始数据进行转换后再进行分析。由表 4-3，Sig 值为 0.873 大于 0.05，说明此题中方差齐性。

表 4-4 方差分析结果

ANOVA

水稻产量

	平方和	自由度	均方	F	显著性
组间	29.300	4	7.325	3.488	.033
组内	31.500	15	2.100		
总计	60.800	19			

表 4-4 是 F 检验的结果，其中 F 值为 3.488，显著性（Sig 值）为 0.033 小于 0.05，说明 5 个锌肥水平对水稻产量的影响存在着显著差异，需进行事后多重比较。

表 4-5 事后多重比较结果（LSD）

多重比较

因变量：水稻产量

	(I) 锌肥水平	(J) 锌肥水平	平均值差值（I-J）	标准 错误	显著性	95％置信区间 下限	上限
LSD	1	2	−.750	1.025	.475	−2.93	1.43
		3	−2.250*	1.025	.044	−4.43	−.07
		4	−3.250*	1.025	.006	−5.43	−1.07
		5	−.500	1.025	.633	−2.68	1.68
	2	1	.750	1.025	.475	−1.43	2.93
		3	−1.500	1.025	.164	−3.68	.68
		4	−2.500*	1.025	.028	−4.68	−.32
		5	.250	1.025	.811	−1.93	2.43
	3	1	2.250*	1.025	.044	.07	4.43
		2	1.500	1.025	.164	−.68	3.68
		4	−1.000	1.025	.345	−3.18	1.18
		5	1.750	1.025	.108	−.43	3.93
	4	1	3.250*	1.025	.006	1.07	5.43
		2	2.500*	1.025	.028	.32	4.68
		3	1.000	1.025	.345	−1.18	3.18
		5	2.750*	1.025	.017	.57	4.93
	5	1	.500	1.025	.633	−1.68	2.68
		2	−.250	1.025	.811	−2.43	1.93
		3	−1.750	1.025	.108	−3.93	.43
		4	−2.750*	1.025	.017	−4.93	−.57

*. 平均值差值的显著性水平为 0.05。

表 4-5 是用 LSD 法进行事后多重比较的结果。这里有两种方法可以判别两组均数之间是否存在显著性差异：①看两组均数对应的"平均值差值"右上角是否标有"＊"，如果有，则表示两组均数之间存在显著性差异，如果没有，则表示没有显著性差异；②看两组均数对应的平均值差值所在行的"显著性"（Sig 值），如果 Sig 值小于 0.05，则表示两组均数之间存在显著性差异；如果 Sig 值大于 0.05，则表示两组均数之间不存在显著性差异；如果 Sig 值小于 0.01，则表示两组均数之间存在着极显著差异。

本题中，第 1 组和第 3、4 组，第 2 组和第 4 组，第 4 组和第 5 组之间存在显著性差异，其中第 1 组和第 4 组之间存在极显著差异，其他各组之间没有显著性差异。

表 4-6　事后多重比较结果（S-N-K、邓肯）

水稻产量

	锌肥水平	个案数	Alpha 的子集＝0.05	
			1	2
S-N-K[a]	1	4	21.25	
	5	4	21.75	21.75
	2	4	22.00	22.00
	3	4	23.50	23.50
	4	4		24.50
	显著性		.169	.072
邓肯[a]	1	4	21.25	
	5	4	21.75	
	2	4	22.00	
	3	4	23.50	23.50
	4	4		24.50
	显著性		.060	.345

将显示齐性子集中各个组的平均值。
a. 使用调和平均值样本大小 ＝ 4.000。

表 4-6 是选用 S-N-K 法和邓肯法进行事后多重比较的结果，它们各自的计算原理前面已经提到过，这里主要说明它们计算结果的查看方法。

查看 S-N-K 法和邓肯法统计结果的方法相同：查看"Alpha 的子集＝ 0.05"所在两列中的数值，它们分别代表各个试验处理的均数。如果这些均数都在同一列，说明它们所代表的各个组之间均无显著性差异；如果这些均数分属不同列，则说明它们所代表的各个组之间存在显著性差异。

本题中采用 S-N-K 法得到的结果是：第 1 组和第 4 组之间存在显著性差异，其余各组之间均无显著性差异；采用邓肯法得到的结果是：第 4 组和第 1、5、2 之间都存在显著性差异，其余各组之间不存在显著性差异。结果的差异是由于各方法的精确度不同导致的，其中邓肯法的精确度更高。

图 4-6 是均值图，反映了各个锌肥水平对应水稻产量的变化情况。由图 4-6 可知，水稻产量随锌肥水平的增加而先逐渐增加后减少，产量峰值对应的水平为 Zn_3，因此将 Zn_3 水平的锌肥用于水稻较为合理。

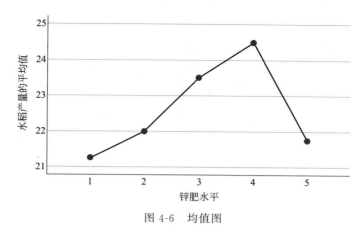

图 4-6 均值图

4. 试验结果总结

表 4-7 水稻锌肥试验结果 单位：kg/小区

锌肥处理	水稻产量
Zn_3	24.50 a A
Zn_2	23.50 ab A
Zn_1	22.00 b A
Zn_4	21.75 b A
Zn_0	21.25 b A

注：同一列不同小写字母代表在 $P < 0.05$ 条件下差异显著，同一列不同大写字母代表在 $P < 0.01$ 条件下差异显著。

表 4-7 说明，不同锌肥用量对水稻产量有显著的影响（$P < 0.05$），Zn_3 和 Zn_2 相对于 Zn_1、Zn_4 和 Zn_0 显著提高了水稻产量，Zn_3 和 Zn_2 处理间对水稻产量来说没有显著差异，从施锌肥的经济效益来考虑，生产上可以 Zn_2 处理。

LSD 法字母标注的原则：

① 将全部平均值由大到小排序，在最大的平均值后标 a；

② 以最大平均值与第二大平均值相比，凡差异不显著则标 a，差异显著则标 b；

③ 再以该标有 b 的平均数为标准，与上方各个比它大的平均数比，凡不显著也一律标以字母 b；

④ 以标有相同字母 b 的最大平均值为标准，与以下各未标记的平均数比，凡不显著的继续标以字母 b，直至某一个与之相差显著的平均数则标以字母 c；

⑤ 再以该标有 c 的平均数为标准，重复按③、④的步骤进行标记，如此反复，直至最小的一个平均数有了标记字母为止。

第二节 两因素方差分析

［例 4-2］为了研究肥料中钙磷含量对小麦产量的影响，将钙、磷在肥料中的含量各分为 4 个水平进行交叉分组试验。先将品种、初始生长状况一致的小麦幼苗共 48 个

小区，随机分为 16 组，每组 3 个小区，用其他含量相同的肥料在不同钙磷搭配下各施一个小区，经过 2 个月的试验，小麦产量结果列于表 4-8，试进行方差分析。

表 4-8　不同钙磷用量的小麦产量结果　　　　　　　　　　单位：kg/小区

处理	B₁（0.8%）	B₂（0.6%）	B₃（0.4%）	B₄（0.2%）
A₁（1.0%）	22.0	30.0	32.4	30.5
	26.5	27.5	26.5	27.0
	24.4	26.0	27.0	25.1
A₂（0.8%）	23.5	33.2	38.0	26.5
	25.8	28.5	35.5	24.0
	27.0	30.1	33.0	25.0
A₃（0.6%）	30.5	36.5	28.0	20.5
	26.8	34.0	30.5	22.5
	25.5	33.5	24.6	19.5
A₄（0.4%）	34.5	29.0	27.5	18.5
	31.4	27.5	26.3	20.0
	29.3	28.0	28.5	19.0

注：A₁～A₄ 代表肥料中钙含量的 4 个水平；B₁～B₄ 代表肥料中磷含量的 4 个水平。

1. 数据输入

本题中试验因素是 2 个（钙和磷），每个因素各有 4 个水平，试验指标是小麦产量，每个处理 3 个重复，共 48 个观测值。

① 启动 SPSS 后，点击"变量视图"进入定义变量工作表，用名称命令命名变量"钙 A"和"磷 B"，变量类型为"数字"，小数位数定义为"0"。命名因变量为"小麦产量"，变量类型为"数字"，小数位数定义为"1"，如图 4-7 所示。

名称	类型	宽度	小数位数	标签	值	缺失	列	对齐	测量	角色
钙A	数字	8	0		无	无	8	右	名义	输入
磷B	数字	8	0		无	无	8	右	名义	输入
小麦产量	数字	8	1		无	无	8	右	标度	输入

图 4-7　［例 4-2］定义变量视图

② 点击工作表下方的"数据视图"，进入"数据视图"工作表，按照图 4-8 输入数据。

2. 统计分析

（1）简明分析步骤

【分析】→【一般线性模型】→【单变量】

因变量："小麦产量"\固定因子："钙 A""磷 B"

【模型】→"全因子"→【继续】

【事后比较】→下列各项的事后检验："钙 A""磷 B"→"LSD""S-N-K""邓肯"→【继续】

【选项】→"描述统计""齐性检验"

【图】→水平轴："钙 A"\单独的线条："磷 B"→【添加】→【继续】

【确定】

（2）分析过程说明　单击主菜单【分析】，在下拉菜单中点击【一般线性模型】，在弹出的小菜单中点击【单变量】，进入单变量对话框。

　　将因变量"小麦产量"移入因变量列表框，将"钙 A""磷 B"移入固定因子框，如图 4-9 所示。

	钙A	磷B	小麦产量
1	1	1	22.0
2	1	1	26.5
3	1	1	24.4
4	1	2	30.0
5	1	2	27.5
6	1	2	26.0
7	1	3	32.4
8	1	3	26.5
9	1	3	27.0
10	1	4	30.5
11	1	4	27.0
12	1	4	25.1
13	2	1	23.5
14	2	1	25.8
15	2	1	27.0
16	2	2	33.2
17	2	2	28.5
18	2	2	30.1
19	2	3	38.0
20	2	3	35.5
21	2	3	33.0
22	2	4	26.5
23	2	4	24.0

图 4-8　［例 4-2］数据输入格式　　　　图 4-9　［例 4-2］多因素方差分析主对话框

　　点击【模型】按钮，弹出"单变量：模型"对话框，在本题中选择系统默认的"全因子"，如图 4-10 所示，点击【继续】返回。

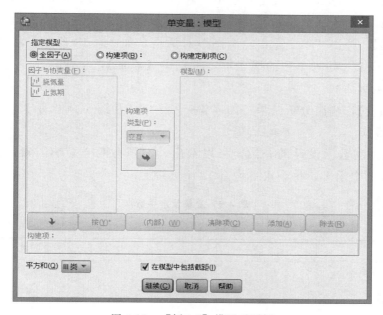

图 4-10　［例 4-2］模型对话框

说明：全因子模型用于分析所有因素的主效应和各级交互效应，适用于有重复观测值资料的方差分析；当进行无重复观测资料的方差分析时，由于各因素之间的交互作用无法进行分析，需点击"构建项"，选择"构建项"中的"主效应"，并将左侧因子放入右侧框中来进行各因素的主效应分析。

点击【事后比较】按钮，进入"单变量：实测平均值的事后多重比较"对话框，如图 4-11 所示，将因子框中的"钙 A"和"磷 B"移入右侧框中，勾选"LSD""S-N-K""邓肯"，点击【继续】返回主对话框。

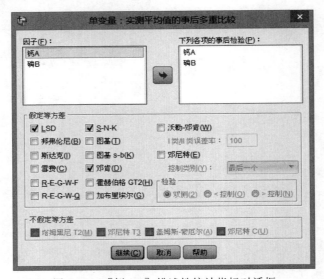

图 4-11　［例 4-2］描述性统计指标对话框

点击【选项】，进入"单变量：选项"对话框，如图 4-12 所示，勾选"描述统计"和"齐性检验"，点击【继续】返回主对话框。

点击【图】，弹出"单变量：轮廓图"对话框，如图 4-13 所示，将"钙 A"移入水平轴框，"磷 B"移入单独的线条框，再点击【添加】，生成"钙 A×磷 B"，点击【继续】返回主对话框。

点击【确定】，输出分析结果。如表 4-9～表 4-17 和图 4-14 所示。

3. 结果说明

表 4-9 是本题数据设计的介绍，可以看出，本题有两个影响因素：钙 A 和磷 B，每个因素各有 4 个水平，每个水平均有 12 个处理。

表 4-9　变量及水平数

主体间因子

		个案数
钙 A	1	12
	2	12
	3	12
	4	12

续表

		个案数
	1	12
磷 B	2	12
	3	12
	4	12

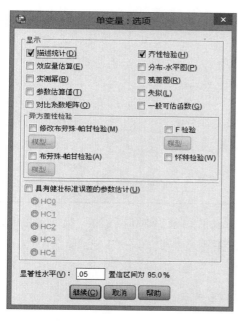

图 4-12 单变量选项对话框

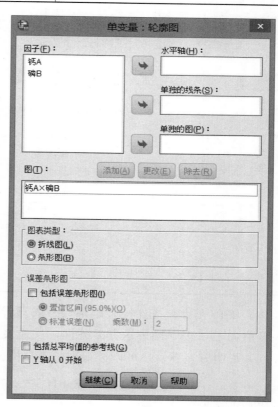

图 4-13 绘制折线图对话框

表 4-10 是描述统计的分析结果,包括了各个因素水平组合试验处理的平均值、标准偏差和重复数(个案数)。

表 4-10 描述性统计指标

描述统计

因变量:小麦产量

钙 A	磷 B	平均值	标准偏差	个案数
	1	24.300	2.2517	3
	2	27.833	2.0207	3
1	3	28.633	3.2716	3
	4	27.533	2.7392	3
	总计	27.075	2.8198	12

续表

钙 A	磷 B	平均值	标准偏差	个案数
	1	25.433	1.7786	3
	2	30.600	2.3896	3
2	3	35.500	2.5000	3
	4	25.167	1.2583	3
	总计	29.175	4.7647	12
	1	27.600	2.5942	3
	2	34.667	1.6073	3
3	3	27.700	2.9614	3
	4	20.833	1.5275	3
	总计	27.700	5.4599	12
	1	31.733	2.6160	3
	2	28.167	.7638	3
4	3	27.433	1.1015	3
	4	19.167	.7638	3
	总计	26.625	4.9791	12
	1	27.267	3.5712	12
	2	30.317	3.2375	12
总计	3	29.817	4.1061	12
	4	23.175	3.7844	12
	总计	27.644	4.5717	48

表 4-11 是方差齐性检验结果，一般只看"基于平均值"对应行的"显著性"，如果该值大于 0.05，则表示方差齐性，反之表示方差不齐。此题中的 Sig 值为 0.518＞0.05，说明方差齐性，可以进行进一步分析。

表 4-11 方差齐性检验结果

误差方差的莱文等同性检验[a,b]

		莱文统计	自由度 1	自由度 2	显著性
	基于平均值	.957	15	32	.518
小麦产量	基于中位数	.346	15	32	.984
	基于中位数并具有调整后自由度	.346	15	17.079	.978
	基于剪除后平均值	.905	15	32	.567

检验"各个组中的因变量误差方差相等"这一原假设。

a. 因变量：小麦产量。

b. 设计：截距＋钙 A＋磷 B＋钙 A×磷 B。

表 4-12 是主体间效应的检验，表格第一行的"修正模型"的 F 值为 12.083，Sig 值＝0.000（由于值太小，后面的数字无法显示）＜0.05，说明所用模型具有统计学意义，可以进行继续分析。若 Sig 值＞0.05，则表示各因素水平之间无显著性差异，统计分析到此结束，没有必要再进行多重比较。

表 4-12　主体间效应的检验

主体间效应检验

因变量：小麦产量

源	Ⅲ类平方和	自由度	均方	F	显著性
修正模型	834.905[a]	15	55.660	12.083	.000
截距	36680.492	1	36680.492	7962.480	.000
钙 A	44.511	3	14.837	3.221	.036
磷 B	383.736	3	127.912	27.767	.000
钙 A×磷 B	406.659	9	45.184	9.808	.000
误差	147.413	32	4.607		
总计	37662.810	48			
修正后总计	982.318	47			

a. R 方＝.850（调整后 R 方＝.780）。

表格第二行是截距，在本题分析中无实际意义，可忽略。

表格的第三行是钙 A 的 F 检验结果，由表中可知，$F=3.221$，Sig 值＝0.036＜0.05，说明因素钙 A 各水平之间存在显著性差异，需要进行多重比较以找出哪两个水平之间存在显著性差异。

第四行是磷 B 的 F 检验结果，$F=27.767$，Sig 值＝0.000＜0.01，说明因素磷 B 各水平之间存在极显著差异，需要进行多重比较。

第五行是钙 A×磷 B 交互效应的 F 检验结果，$F=9.808$，Sig 值＝0.000＜0.01，说明钙 A 和磷 B 之间存在着极显著的交互效应。

表 4-13、表 4-14 分别表示了用三种常用方法对因素钙 A 进行多重比较的结果。查看结果的方法在本章例题［例 4-1］中已详细阐述，此处不再赘述。现只针对 S-N-K 法进行分析，本章后面均采用此法。由表 4-14 可知，第 4 组和第 2 组对小麦产量的影响存在显著性差异，其余各组之间均不存在显著性差异，说明第二组 A_2（0.8%）的效果最好。

表 4-13　方差分析中钙 A 因素多重比较结果（LSD）

多重比较

因变量：小麦产量

	(I) 钙 A	(J) 钙 A	平均值差值 (I-J)	标准误差	显著性	95% 置信区间 下限	上限
LSD	1	2	−2.100*	.8762	.023	−3.885	−.315
		1	−.625	.8762	.481	−2.410	1.160
		4	.450	.8762	.611	−1.335	2.235
	2	1	2.100*	.8762	.023	.315	3.885
		3	1.475	.8762	.102	−.310	3.260
		4	2.550*	.8762	.007	.765	4.335

续表

	(I) 钙 A	(J) 钙 A	平均值差值（I-J）	标准误差	显著性	95% 置信区间	
						下限	上限
LSD	3	1	.625	.8762	.481	−1.160	2.410
		2	−1.475	.8762	.102	−3.260	.310
		4	1.075	.8762	.229	−.710	2.860
	4	1	−.450	.8762	.611	−2.235	1.335
		2	−2.550 *	.8762	.007	−4.335	−.765
		3	−1.075	.8762	.229	−2.860	.710

基于实测平均值。

误差项是均方（误差）＝4.607。

＊. 平均值差值的显著性水平为 0.05。

表 4-14 方差分析中钙 A 因素多重比较结果（S-N-K、邓肯）

小麦产量

	钙 A	个案数	子集	
			1	2
S-N-K[a,b]	4	12	26.625	
	1	12	27.075	27.075
	3	12	27.700	27.700
	2	12		29.175
	显著性		.446	.057
邓肯[a,b]	4	12	26.625	
	1	12	27.075	
	3	12	27.700	27.700
	2	12		29.175
	显著性		.256	.102

将显示齐性子集中各个组的平均值。

基于实测平均值。

误差项是均方（误差）＝4.607。

a. 使用调和平均值样本大小＝12.000。

b. Alpha＝0.05。

表 4-15、表 4-16 分别表示了用三种常用方法对因素磷 B 进行多重比较的结果。查看表 4-16 中的 S-N-K 法的结果。从表中可以看出，第 4 组、第 1 组、第 2 和 3 组对小麦产量的影响均存在显著性差异，第 2、第 3 组（0.6%、0.4%）的增产效果最好。但是，在生产实践中考虑成本的话，最适合的应当是第 3 组（0.4%）。

表 4-15　方差分析中磷 B 因素多重比较结果（LSD）

多重比较

因变量：小麦产量

（I）磷 B	（J）磷 B	平均值差值（I-J）	标准误差	显著性	95％置信区间	
					下限	上限
1	2	−3.050*	.8762	.001	−4.835	−1.265
	3	−2.550*	.8762	.007	−4.335	−.765
	4	4.092*	.8762	.000	2.307	5.876
2	1	3.050*	.8762	.001	1.265	4.835
	3	.500	.8762	.572	−1.285	2.285
	4	7.142*	.8762	.000	5.357	8.926
3	1	2.550*	.8762	.007	.765	4.335
	2	−.500	.8762	.572	−2.285	1.285
	4	6.642*	.8762	.000	4.857	8.426
4	1	−4.092*	.8762	.000	−5.876	−2.307
	2	−7.142*	.8762	.000	−8.926	−5.357
	3	−6.642*	.8762	.000	−8.426	−4.857

基于实测平均值。

误差项是均方（误差）＝4.607。

*. 平均值差值的显著性水平为 0.05。

表 4-16　方差分析中磷 B 因素多重比较结果（S-N-K、邓肯）

小麦产量

	磷 B	个案数	子集		
			1	2	3
S-N-K[a,b]	4	12	23.175		
	1	12		27.267	
	3	12			29.817
	2	12			30.317
	显著性		1.000	1.000	.572
邓肯[a,b]	4	12	23.175		
	1	12		27.267	
	3	12			29.817
	2	12			30.317
	显著性		1.000	1.000	.572

将显示齐性子集中各个组的平均值。

基于实测平均值。

误差项是均方（误差）＝4.607。

a. 使用调和平均值样本大小 = 12.000。

b. Alpha＝0.05。

图 4-14 是钙 A 和磷 B 两因素交互作用图，由图可以直观清晰地看出，肥料中钙 A 取第 2 组（0.8%），磷 B 取第 3 组（0.4%）得到的小麦产量最高，进一步验证了前面的分析结果。

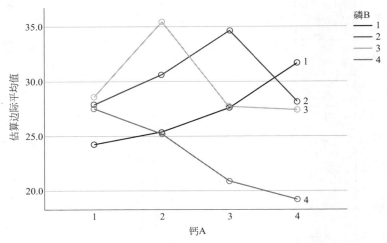

图 4-14　不同因素交互作用的小麦产量的估算边际平均值

4. 试验结果总结

表 4-17　不同钙磷用量对小麦产量的影响　　　　　　单位：kg/小区

处理		不同磷水平			
		B₁（0.8%）	B₂（0.6%）	B₃（0.4%）	B₄（0.2%）
不同钙水平	A₁（1.0%）	24.3 b B	27.8 b B	28.6 b AB	27.5 a A
	A₂（0.8%）	25.4 b AB	30.6 b AB	35.5 a A	25.2 a AB
	A₃（0.6%）	27.6 ab AB	34.7 a A	27.7 b B	20.8 b BC
	A₄（0.4%）	31.7 a A	28.2 b B	27.4 b B	19.2 b C
方差分析					
钙 A			＊＊		
磷 B			＊＊		
钙 A×磷 B			＊＊		

注：上表是用邓肯法进行事后多重比较的结果，数据后的字母代表同一列数据多重比较的结果，其中小写字母代表在 $P<0.05$ 显著性条件下的结果，大写字母代表在 $P<0.01$ 显著性条件下的结果。方差分析是在 $P<0.05$ 条件下进行的，"＊"代表差异显著（$P<0.05$），"＊＊"代表差异极显著（$P<0.01$）。

从表 4-17 可以看出，不同钙用量和不同磷水平均对小麦产量有显著的影响，钙和磷交互作用对小麦的产量也有极显著的影响。

第三节　多因素方差分析

（一）三因素两水平的方差分析

在多因素随机区组设计中，最常见的是 2^m 设计和 $3^r \times 2^m$ 设计，其中 m 代表研究因素，2^m 设计是 m 个因素，每个因素都有 2 个水平的完全方案，如在农业研究中最常用的 $2\times2\times2$ 设计，现通过例题说明此类问题的 SPSS 分析方法。

[例 4-3] 某试验田做大豆氮磷钾（N、P、K）三要素肥料盆栽试验，重复 5 次，大豆产量数据见表 4-18 所示。试用 SPSS 进行方差分析。

表 4-18 氮磷钾配施盆栽大豆产量   单位：克/盆

重复	施肥处理							
	CK	N	P	K	NP	NK	PK	NPK
1	51.2	54.2	60.8	55.4	61.4	59.3	61.2	62.7
2	53.3	56.4	62.3	57.2	59.3	58.0	63.7	64.5
3	52.8	53.1	63.4	54.6	57.5	55.2	64.9	61.9
4	54.2	55.6	61.7	50.9	62.3	53.7	60.5	65.2
5	54.0	54.7	58.8	65.9	62.5	66.8	63.7	62.2

1. 数据输入

本题中试验因素是 3 个（N、P、K），每个因素各有 2 个水平（施肥和不施肥），试验指标是大豆产量，每个处理 5 个重复，共 40 个观测值。

① 启动 SPSS 后，点击"变量视图"进入定义变量工作表，用名称命令命名变量"氮""磷""钾""重复""处理组合"，变量类型为"数字"，小数位数定义为"0"。命名因变量为"产量"，变量类型为"数字"，小数位数定义为"1"，如图 4-15 所示。

名称	类型	宽度	小数位数	标签	值	缺失	列	对齐	测量	角色
氮	数字	8	0		无	无	8	右	名义	输入
磷	数字	8	0		无	无	8	右	名义	输入
钾	数字	8	0		无	无	8	右	名义	输入
产量	数字	8	1		无	无	8	右	标度	输入
重复	数字	8	0		无	无	8	右	名义	输入
处理组合	数字	8	0		无	无	8	右	名义	输入

图 4-15 [例 4-3] 定义变量视图

② 点击工作表下方的"数据视图"，进入"数据视图"工作表，按照图 4-16 输入数据。

2. 统计分析

（1）简明分析步骤

【分析】→【一般线性模型】→【单变量】

因变量："产量"\ 固定因子："处理组合""重复"

【模型】→"构建项"\ 模型："处理组合""重复"→【继续】

【事后比较】→下列各项的事后检验："处理组合"→"邓肯"→【继续】→【确定】

【分析】→【一般线性模型】→【单变量】

因变量："产量"\ 固定因子："氮，磷，钾"

【模型】→"全因子"→【继续】

【确定】

（2）分析过程 单击主菜单【分析】，在下拉菜单中点击【一般线性模型】，在弹

	氮	磷	钾	产量	重复	处理组合
1	1	1	1	51.2	1	111
2	1	1	1	53.3	2	111
3	1	1	1	52.8	3	111
4	1	1	1	54.2	4	111
5	1	1	1	54.0	5	111
6	1	1	2	55.4	1	112
7	1	1	2	57.2	2	112
8	1	1	2	54.6	3	112
9	1	1	2	50.9	4	112
10	1	1	2	65.9	5	112
11	1	2	1	60.8	1	121
12	1	2	1	62.3	2	121
13	1	2	1	63.4	3	121
14	1	2	1	61.7	4	121
15	1	2	1	58.8	5	121
16	1	2	2	61.2	1	122
17	1	2	2	63.7	2	122
18	1	2	2	64.9	3	122
19	1	2	2	60.5	4	122
20	1	2	2	63.7	5	122
21	2	1	1	54.2	1	211
22	2	1	1	56.4	2	211
23	2	1	1	53.1	3	211

图 4-16　[例 4-3] 数据输入格式

出的小菜单中点击【单变量】，进入单变量对话框。将"产量"拖入因变量框，将"重复""处理组合"拖入固定因子框中，如图 4-17 所示。

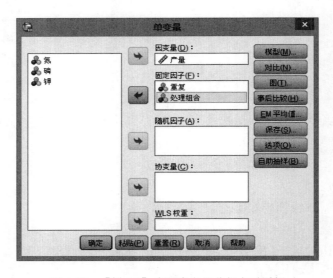

图 4-17　[例 4-3] 多因素方差分析主对话框

　　点击【模型】按钮，弹出"单变量：模型"对话框，选择"构建项"选项，将"重复"和"处理组合"移入模型框，选择"主效应"，如图 4-18 所示，点击【继续】。

　　点击【事后比较】按钮，进入"单变量：实测平均值的事后多重比较"对话框，

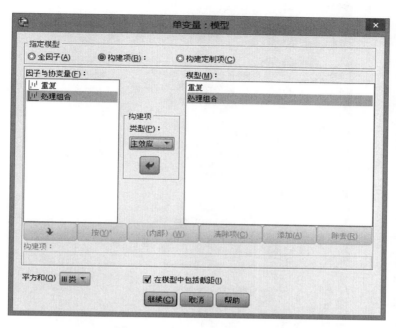

图 4-18　［例 4-3］模型对话框

如图 4-19 所示，将因子框中的"处理组合"移入右侧框中，勾选"邓肯"，点击【继续】返回主对话框。点击【确定】，输出结果。

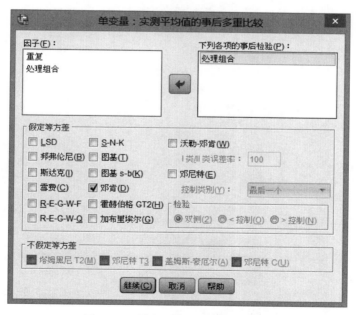

图 4-19　［例 4-3］多重比较对话框

单击主菜单【分析】，在下拉菜单中点击【一般线性模型】，在弹出的小菜单中点击【单变量】，进入单变量对话框，将"产量"拖入因变量框，将固定因子设为"氮、磷、钾"，如图 4-20 所示。

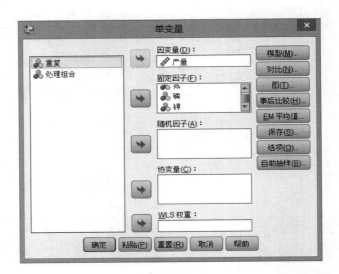

图 4-20　单变量设定

点击【模型】，选择"全因子"，如图 4-21 所示，点击【继续】。

图 4-21　[例 4-3] 模型对话框

点击【确定】，输出分析结果。如表 4-19～表 4-21 所示。

3. 结果说明

表 4-19 是主体间效应的分析，由表可知，不同施肥处理间的 F 值 = 8.325，Sig 值为 0.000 < 0.01；重复间的 F 值 = 1.665，Sig 值为 0.186 > 0.05，说明施肥对大豆产量的影响非常显著。误差平方和为 236.998，自由度为 28。

表 4-19　主体间效应的分析

主体间效应检验

因变量：产量

源	Ⅲ类平方和	自由度	均方	F	显著性
修正模型	549.657[a]	11	49.969	5.904	.000
截距	138886.225	1	138886.225	16408.672	.000
处理组合	493.275	7	70.468	8.325	.000
重复	56.383	4	14.096	1.665	.186
误差	236.998	28	8.464		
总计	139672.880	40			
修正后总计	786.655	39			

a. R 方＝.699（调整后 R 方＝.580）。

由表 4-20 可知，施磷肥的各处理的大豆产量显著高于不施磷肥各处理，其中，产量最高的是氮磷钾配施的处理，但单施磷肥和配施其他肥料对产量的影响差异不显著。说明提高大豆产量最经济有效的方法就是单施磷肥。

表 4-20　事后检验

产量

邓肯[a,b]

处理组合	个案数	子集				
		1	2	3	4	5
222	5	53.100				
122	5	54.800	54.800			
221	5	56.800	56.800	56.800		
121	5		58.600	58.600	58.600	
112	5			60.600	60.600	60.600
212	5				61.400	61.400
211	5					62.800
111	5					63.300
显著性		.066	.060	.060	.161	.191

将显示齐性子集中各个组的平均值。

基于实测平均值。

误差项是均方（误差）＝8.464。

a. 使用调和平均值样本大小＝5.000。

b. Alpha＝0.05。

由表 4-21 可知，对氮、磷、钾进一步进行主体间效应的检验结果表明，氮肥对大豆产量的影响不显著（$P=0.410>0.05$），磷肥对大豆产量的影响极显著（$P=0.000<0.01$），钾肥对大豆产量的影响极显著（$P=0.005<0.01$），各因素之间的交互作用对大豆产量的影响均不显著（$P>0.05$）。

表 4-21　主体间效应的检验

主体间效应检验

因变量：产量

源	III类平方和	自由度	均方	F	显著性
修正模型	493.275[a]	7	70.468	7.686	.000
截距	138886.225	1	138886.225	15148.815	.000
氮	6.400	1	6.400	.698	.410
磷	384.400	1	384.400	41.928	.000
钾	84.100	1	84.100	9.173	.005
氮×磷	9.025	1	9.025	.984	.329
氮×钾	1.225	1	1.225	.134	.717
磷×钾	7.225	1	7.225	.788	.381
氮×磷×钾	.900	1	.900	.098	.756
误差	293.380	32	9.168		
总计	139672.880	40			
修正后总计	786.655	39			

a. R 方 =.627（调整后 R 方 =.545）。

4. 文献中的表示方法

表 4-22 所示是本试验在文献中的表示方法。

表 4-22　氮磷钾配施盆栽大豆产量　　　　　　　　单位：g/盆

处理	产量
CK	53.1 e D
N	54.8 de CD
P	61.4 ab AB
K	56.8 cde BCD
NP	60.6 abc AB
NK	58.6 bcd ABC
PK	62.8 a A
NPK	63.3 a A
方差分析	
氮	n.s.
磷	＊＊
钾	＊＊
氮×磷	n.s.
氮×钾	n.s.
磷×钾	n.s.
氮×磷×钾	n.s.

注：由于本试验中每个因素只有两个水平，因此将各处理组合一并进行多重比较，所用方法为邓肯法，小写字母代表所用显著性水平为 $P<0.05$，大写字母代表所用显著性水平为 $P<0.01$。方差分析中"n.s."代表差异不显著；"＊"代表差异显著；"＊＊"代表差异极显著。

（二）三因素多水平的方差分析

［例 4-4］"探寻播期、品种、药剂对花粉败育率的影响"的试验结果如表 4-23 所示，试用 SPSS 对其进行方差分析。

表 4-23　播期、品种、药剂对花粉败育率的影响　　　单位：%

播期 A	不育系 B	C_1（CoCl$_2$）		C_2（乙烯利）		C_3（B40）		C_4（901）	
		1	2	1	2	1	2	1	2
A_1	B_1	55.26	60.80	90.00	90.00	90.00	79.06	90.00	88.18
	B_2	54.63	65.88	76.06	71.85	71.56	72.66	74.77	75.46
	B_3	59.60	79.69	90.00	82.08	90.00	90.00	90.00	90.00
	B_4	65.05	64.45	75.58	90.00	82.21	76.56	90.00	73.78
A_2	B_1	45.29	50.71	59.02	54.94	65.50	51.47	58.00	58.05
	B_2	56.54	60.67	67.05	79.39	71.47	75.00	80.19	76.06
	B_3	68.44	72.24	90.00	85.56	90.00	84.26	90.00	84.56
	B_4	55.37	58.95	74.94	65.50	76.84	67.37	67.94	67.54
A_3	B_1	73.46	72.05	81.87	68.44	90.00	79.53	81.47	81.09
	B_2	43.34	59.54	62.51	62.72	69.12	63.72	70.72	62.03
	B_3	50.71	50.36	59.21	46.12	52.30	53.37	55.18	51.88
	B_4	43.04	43.91	60.33	63.44	64.67	49.02	67.86	49.37

1. 数据输入

① 启动 SPSS 后，点击"变量视图"进入定义变量工作表，用名称命令命名变量"播期 A""不育系 B""药剂 C""花粉败育率"，前三者定义小数位数为"0"，花粉败育率定义小数位数为"2"，如图 4-22 所示。

名称	类型	宽度	小数位数	标签	值	缺失	列	对齐	测量	角色
播期A	数字	8	0	无	无	无	8	右	名义	输入
不育系B	数字	8	0	无	无	无	8	右	名义	输入
药剂C	数字	8	0	无	无	无	8	右	名义	输入
花粉败育率	数字	8	2	无	无	无	8	右	标度	输入

图 4-22　［例 4-4］定义变量视图

② 点击工作表下方的"数据视图"，进入"数据视图"工作表，按照图 4-23 输入数据。

2. 统计分析

（1）简明分析步骤

【分析】→【一般线性模型】→【单变量】

因变量："花粉败育率"\ 固定因子："播期 A""不育系 B""药剂 C"

【模型】→"全因子"→【继续】

【事后比较】→下列各项的事后检验："播期 A""不育系 B""药剂 C"→"邓肯"→【继续】

【选项】→"描述统计"→【继续】

	播期A	不育系B	药剂C	花粉败育率
1	1	1	1	55.26
2	1	1	1	60.80
3	1	1	2	90.00
4	1	1	2	90.00
5	1	1	3	90.00
6	1	1	3	79.06
7	1	1	4	90.00
8	1	1	4	88.18
9	1	2	1	54.63
10	1	2	1	65.88
11	1	2	1	76.06
12	1	2	1	71.85
13	1	2	2	71.56
14	1	2	2	72.66
15	1	2	4	74.77
16	1	2	4	75.46
17	1	3	1	59.60
18	1	3	1	79.69
19	1	3	2	90.00
20	1	3	2	82.08
21	1	3	3	90.00
22	1	3	3	90.00

图 4-23　［例 4-4］数据输入格式

【确定】

（2）分析过程说明　单击主菜单【分析】按钮，在下拉菜单中选择【一般线性模型】，在弹出的小菜单中点击【单变量】，进入单变量对话框，将变量"花粉败育率"放入因变量列表框，将"播期 A""不育系 B"和"药剂 C"放入固定因子框，如图 4-24 所示。

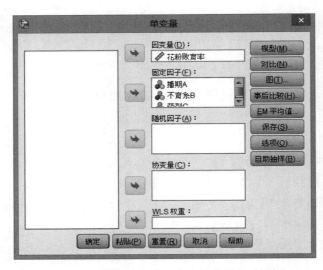

图 4-24　［例 4-4］多因素方差分析主对话框

点击【模型】，在对话框中选择"全因子"，如图 4-25 所示，点击【继续】。

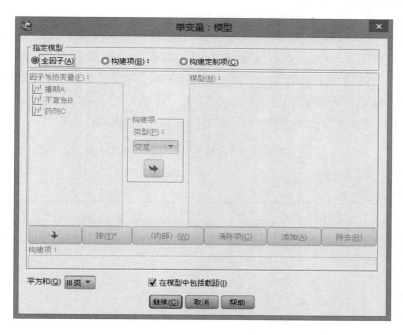

图 4-25　［例 4-4］模型对话框

点击【事后比较】按钮，如图 4-26 所示，将左侧因子框中需要分析的因子放入右侧，勾选"邓肯"法进行多重比较。

点击【选项】按钮，选择"描述统计"，如图 4-27 所示，点击【继续】。

图 4-26　［例 4-4］多重比较对话框

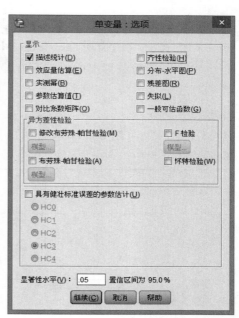

图 4-27　［例 4-4］求描述性统计指标对话框

点击【确定】，即可输出分析结果。如表 4-24、表 4-25 所示。

3. 结果说明

由表 4-24 可知，修正模型 $F = 9.601$，Sig 值 $= 0.000 < 0.01$，说明数学模型合适，各因素各水平至少有两组存在显著差异。因素"播期 A""不育系 B""药剂 C"以及交互作用"播期 A×不育系 B"的 Sig 值均小于等于 0.01，说明这些因素对花粉败育率存在极显著的影响；相反的，"播期 A×药剂 C""不育系 B×药剂 C""播期 A×不育系 B×药剂 C"这些交互作用对花粉败育率的影响不显著。

表 4-24　方差分析（F 检验）结果

主体间效应检验

因变量：花粉败育率

源	Ⅲ类平方和	自由度	均方	F	显著性
修正模型	16165.633[a]	47	343.950	9.601	.000
截距	465706.367	1	465706.367	13000.211	.000
播期 A	4127.319	2	2063.659	57.607	.000
不育系 B	720.759	3	240.253	6.707	.001
药剂 C	3818.836	3	1272.945	35.534	.000
播期 A×不育系 B	6509.772	6	1084.962	30.287	.000
播期 A×药剂 C	329.473	6	54.912	1.533	.188
不育系 B×药剂 C	82.661	9	9.185	.256	.983
播期 A×不育系 B×药剂 C	576.813	18	32.045	.895	.587
误差	1719.503	48	35.823		
总计	483591.504	96			
修正后总计	17885.137	95			

a. R 方 $=.904$（调整后 R 方 $=.810$）。

由于三个因素对花粉败育率的影响均为极显著，因此分别对它们进行多重比较。表 4-25~表 4-27 为播期 A、不育系 B、药剂 C 的多重比较结果。由表可知，播期 A 的三个水平对花粉败育率的影响存在显著差异，不育系 B_1，B_3 与 B_2，B_4 对花粉败育率的影响存在显著差异，药剂 C_1 与 C_2，C_3，C_4 对花粉败育率的影响存在显著差异。

表 4-25　播期 A 多重比较的结果

花粉败育率

邓肯[a,b]

播期 A	个案数	子集		
		1	2	3
3	32	61.9494		
2	32		69.0262	
1	32			77.9741
显著性		1.000	1.000	1.000

将显示齐性子集中各个组的平均值。

基于实测平均值。

误差项是均方（误差）$=35.823$。

a. 使用调和平均值样本大小 $=32.000$。

b. Alpha $=0.05$。

表 4-26　不育系 B 多重比较的结果

花粉败育率

邓肯[a,b]

不育系 B	个案数	子集	
		1	2
4	24	66.4050	
2	24	67.6217	
1	24		71.4246
3	24		73.1483
显著性		.485	.323

将显示齐性子集中各个组的平均值。
基于实测平均值。
误差项是均方(误差)＝35.823。
a. 使用调和平均值样本大小＝24.000。
b. Alpha＝0.05。

表 4-27　药剂 C 多重比较的结果

花粉败育率

邓肯[a,b]

药剂 C	个案数	子集	
		1	2
1	24	58.7492	
2	24		72.7746
3	24		73.1538
4	24		73.9221
显著性		1.000	.537

将显示齐性子集中各个组的平均值。
基于实测平均值。
误差项是均方(误差)＝35.823。
a. 使用调和平均值样本大小＝24.000。
b. Alpha＝0.05。

4. 在文献中的表示方法

表 4-28 所示是本试验在文献中的表示方法。

表 4-28　播期、品种、药剂对花粉败育率的影响　　　　单位:%

处理		B_1	B_2	B_3	B_4
A_1	C_1	58.030 a A	60.255 a A	69.645 a A	64.750 a A
	C_2	90.000 a A	73.955 a A	86.040 a A	82.790 a A
	C_3	84.530 a A	72.110 b A	90.000 a A	79.385 ab A
	C_4	89.090 a A	75.115 a A	90.000 a A	81.890 a A
A_2	C_1	48.000 c A	58.605 b AB	70.340 a AB	57.160 b C
	C_2	56.980 b B	73.220 ab AB	87.780 a A	70.220 b AB
	C_3	58.485 b A	73.235 ab A	87.130 a A	72.105 ab A
	C_4	58.025 d D	78.125 b AB	87.280 a A	67.740 c BC

续表

处理		B$_1$	B$_2$	B$_3$	B$_4$
A$_3$	C$_1$	72.755 a A	51.440 b AB	50.535 b AB	43.475 b B
	C$_2$	56.980 b A	73.220 ab A	87.780 a A	70.220 ab A
	C$_3$	72.105 ab A	84.765 a A	66.420 b A	52.835 b A
	C$_4$	67.740 ab A	81.280 a A	66.375 b A	53.530 b A
方差分析					
播期 A				* *	
不育系 B				* *	
药剂 C				* *	
播期 A×不育系 B				* *	
播期 A×药剂 C				n. s.	
不育系 B×药剂 C				n. s.	
播期 A×不育系 B×药剂 C				n. s.	

注：上表中多重比较的方法为邓肯法，数据后的字母代表同一行数据多重比较的结果，同一列不同小写字母代表所用显著性水平为 $P<0.05$，同一列不同大写字母代表所用水平为 $P<0.01$。方差分析中"n. s."代表差异不显著；"*"代表差异显著；"* *"代表差异极显著。

第四节 正交设计的方差分析

[例 4-5] 小麦 N、P、K 肥试验，N 分为 N$_0$、N$_1$、N$_2$、N$_3$ 这 4 个水平，P 分为 P$_0$、P$_1$ 两个水平，K 分为 K$_0$、K$_1$ 两个水平。采用 L$_8$（$4×2^4$）的正交表，小区面积为 20 平方米，重复 3 次，随机排列，试验结果见表 4-29。

表 4-29   小麦 N、P、K 肥试验 [L$_8$（$4×2^4$）设计]   单位：kg/区

处理号	因素与列号			小麦产量		
	1 (N)	2 (P)	3 (K)	1	2	3
1	N$_0$	0	0	3.6	3.9	3.2
2	N$_0$	P	K	5.1	4.8	4.1
3	N$_1$	0	K	5.6	5.3	5.6
4	N$_1$	P	0	5.9	6.0	6.7
5	N$_2$	0	K	6.4	6.5	7.0
6	N$_2$	P	0	7.4	7.1	7.3
7	N$_3$	0	0	7.5	7.7	7.8
8	N$_3$	P	K	8.1	8.4	8.6

1. 数据输入

① 启动 SPSS 后，点击"变量视图"进入定义变量工作表，用名称命令命名变量"N""P""K""重复""产量"，前 4 者定义小数位数为"0"，产量定义小数位数为"1"，如图 4-28 所示。

名称	类型	宽度	小数位数	标签	值	缺失	列	对齐	测量	角色
N	数字	8	0		无	无	8	疆 右	♣ 名义	﹨ 输入
P	数字	8	0		无	无	8	疆 右	♣ 名义	﹨ 输入
K	数字	8	0		无	无	8	疆 右	♣ 名义	﹨ 输入
重复	数字	8	0		无	无	8	疆 右	♣ 名义	﹨ 输入
产量	数字	8	1		无	无	8	疆 右	∥ 标度	﹨ 输入

图 4-28　〔例 4-5〕定义变量工作表

② 点击工作表下方的"数据视图",进入"数据视图"工作表,按照图 4-29 输入数据。

	♣N	♣P	♣K	♣重复	∥产量
1	1	1	1	1	3.6
2	1	1	1	2	3.9
3	1	1	1	3	3.2
4	1	2	2	1	5.1
5	1	2	2	2	4.8
6	1	2	2	3	4.1
7	2	1	2	1	5.6
8	2	1	2	2	5.3
9	2	1	2	3	5.6
10	2	2	1	1	5.9
11	2	2	1	2	6.0
12	2	2	1	3	6.7
13	3	1	2	1	6.4
14	3	1	2	2	6.5
15	3	1	2	3	7.0
16	3	1	2	1	7.4
17	3	2	1	2	7.1
18	3	2	1	3	7.3
19	4	1	1	1	7.5
20	4	1	1	2	7.7
21	4	1	1	3	7.8
22	4	2	2	1	8.1
23	4	2	2	2	8.4

图 4-29　〔例 4-5〕数据输入格式

2. 统计分析

(1) 简明分析步骤

【分析】→【一般线性模型】→【单变量】

因变量:"产量" \ 固定因子:"N""P""K""重复"

【模型】→"构建项" \ 模型:"N""P""K""重复"→【继续】

【事后比较】→下列各项的事后检验:"N"→"LSD"→【继续】

【EM 平均值】→输出氮因素各水平的边际均值:"N"

【继续】→【确定】

(2) 分析过程说明　点击主菜单【分析】,在下拉菜单中点击【一般线性模型】,在弹出的小菜单中点击【单变量】,进入单变量对话框。将变量"产量"放入因变量列表框,将"N""P""K""重复"放入固定因子框,如图 4-30 所示。

图 4-30　［例 4-5］多因素方差分析主对话框

　　点击【模型】，在弹出的对话框中选择"构建项"，在"类型"下拉菜单中选择"主效应"，然后将"N""P""K""重复"移入模型对话框。点击【继续】返回主对话框。如图 4-31 所示。

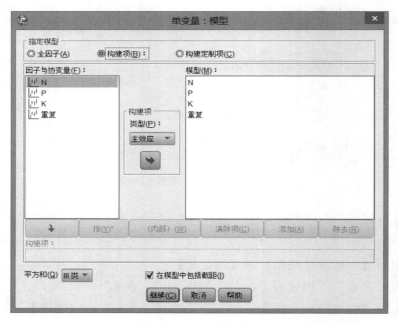

图 4-31　方差分析模型

　　点击【事后比较】，将因子框中的需要进行分析的因子"N"放入右侧框中，再选择"LSD"法进行多重比较即可。如图 4-32 所示。

　　点击【EM 平均值】按钮，将需要估算边际平均值的因子"N"移入右侧框，点击【继续】。本例题中仅以 N 因素为例进行说明，也可以同时选择 N、P 和 K。如图 4-33所示。

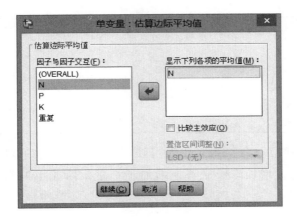

图 4-32　多重比较

图 4-33　估算边际平均值

点击【确定】，即可输出分析结果。如表 4-30～表 4-32 所示。

3. 结果说明

表 4-30 为主体间效应的检验结果，由表可知，N 和 P 的 F 值分别为 154.139、34.099，Sig 值均为 $0.000 < 0.01$，说明氮肥和磷肥作用效果极显著；K 的 F 值为 0.756，Sig 值为 0.397，说明钾肥的作用效果不显著。误差平方和为 1.728，自由度为 16。

表 4-30　主体间效应的检验

主体间效应检验

因变量：产量

源	Ⅲ 类平方和	自由度	均方	F	显著性
修正模型	53.726[a]	7	7.675	71.086	.000
截距	932.507	1	932.507	8636.820	.000
N	49.927	3	16.642	154.139	.000

续表

源	Ⅲ类平方和	自由度	均方	F	显著性
P	3.682	1	3.682	34.099	.000
K	.082	1	.082	.756	.397
重复	.036	2	.018	.166	.849
误差	1.728	16	.108		
总计	987.960	24			
修正后总计	55.453	23			

a. R 方＝.969（调整后 R 方＝.955）。

表 4-31 是氮的估计边际平均值，包含了氮肥各处理对应产量的平均值、标准误差、95％置信区间。所谓边际均值，就是在控制了其他因素之后，只是单纯在一个因素的作用下，因变量的变化。

表 4-31 N 的估计边际平均值

N

因变量：产量

N	平均值	标准误差	95％ 置信区间	
			下限	上限
1	4.117	.134	3.832	4.401
2	5.850	.134	5.566	6.134
3	6.950	.134	6.666	7.234
4	8.017	.134	7.732	8.301

表 4-32 为 N 的事后比较结果，由表可知，各组不同氮水平对应的产量差异均为极显著，即氮水平的每级增加均极显著地增加了产量，因此第四组（N_3）的产量最高，效果最好。

表 4-32 N 的事后比较

多重比较

因变量：产量

LSD

(I) N	(J) N	平均值差值（I-J）	标准误差	显著性	95％置信区间	
					下限	上限
1	2	−1.733*	.1897	.000	−2.135	−1.331
	3	−2.833*	.1897	.000	−3.235	−2.431
	4	−3.900*	.1897	.000	−4.302	−3.498
2	1	1.733*	.1897	.000	1.331	2.135
	3	−1.100*	.1897	.000	−1.502	−.698
	4	−2.167*	.1897	.000	−2.569	−1.765
3	1	2.833*	.1897	.000	2.431	3.235
	2	1.100*	.1897	.000	.698	1.502
	4	−1.067*	.1897	.000	−1.469	−.665

续表

(I) N	(J) N	平均值差值（I-J）	标准误差	显著性	95%置信区间	
					下限	上限
	1	3.900*	.1897	.000	3.498	4.302
4	2	2.167*	.1897	.000	1.765	2.569
	3	1.067*	.1897	.000	.665	1.469

基于实测平均值。

误差项是均方（误差）＝.108。

＊.平均值差值的显著性水平为 0.05。

4. 在文献中的表示方法

表 4-33 所示是本试验在文献中的表示方法。

表 4-33　小麦 N、P、K 肥试验［L$_8$（4×2^4）设计］　　　单位：kg/区

处理	产量
N$_0$P$_0$K$_0$	3.567 f G
N$_0$P$_1$K$_1$	4.667 e F
N$_1$P$_0$K$_1$	5.500 d E
N$_1$P$_1$K$_0$	6.200 c DE
N$_2$P$_0$K$_1$	6.633 c CD
N$_2$P$_1$K$_0$	7.267 b BC
N$_3$P$_0$K$_0$	7.667 b AB
N$_3$P$_1$K$_1$	8.367 a A
方差分析	
氮	＊＊
磷	＊＊
钾	n.s.

注：采用邓肯法进行多重比较，产量数据均为各水平 3 个重复的平均值，数值后的小写字母代表在 $P<0.05$ 显著性条件下多重比较的结果，大写字母代表在 $P<0.01$ 显著性条件下多重比较的结果。方差分析是在 $P<0.05$ 条件下进行的，"n.s."代表差异不显著（$P>0.05$），"＊＊"代表差异极显著（$P<0.01$）。

第五节　裂区设计的方差分析

［例 4-6］某地在追肥和不追肥的基础上，比较农家肥（猪、牛粪）、绿肥、堆肥、草塘泥对早稻产量的影响，采用裂区设计，重复 4 次，早稻产量列于表 4-34。

表 4-34　农家肥料对早稻产量的影响　　　单位：kg/亩

副区处理	主区处理							
	1		2		3		4	
	不追肥	追肥	不追肥	追肥	不追肥	追肥	不追肥	追肥
不施肥	176	445	192	445	192	448	304	524
猪、牛粪	352	592	256	504	246	520	388	500
绿肥	416	604	325	604	406	640	486	650

续表

副区处理	主区处理							
	1		2		3		4	
	不追肥	追肥	不追肥	追肥	不追肥	追肥	不追肥	追肥
堆肥	280	548	240	485	320	584	320	524
草塘泥	405	640	444	565	366	600	456	616

1. 数据输入

① 启动 SPSS 后，点击"变量视图"进入定义变量工作表，用名称命令命名变量"x""a""b""r"，定义小数位数为"0"，其中 x 代表早稻产量，a 代表追肥与不追肥，b 代表 5 种不同的农家肥，r 代表重复，如图 4-34 所示。

名称	类型	宽度	小数位数	标签	值	缺失	列	对齐	测量	角色
x	数字	8	0		无	无	8	右	标度	输入
a	数字	8	0		无	无	8	右	名义	输入
b	数字	8	0		无	无	8	右	名义	输入
r	数字	8	0		无	无	8	右	名义	输入

图 4-34　定义变量工作表

② 点击工作表下方的"数据视图"，进入"数据视图"工作表，按照图 4-35 输入数据。

	x	a	b	r
1	176	1	1	1
2	352	1	2	1
3	416	1	3	1
4	280	1	4	1
5	405	1	5	1
6	445	2	1	1
7	592	2	2	1
8	604	2	3	1
9	548	2	4	1
10	640	2	5	1
11	192	1	1	2
12	256	1	2	2
13	325	1	3	2
14	240	1	4	2
15	444	1	5	2
16	445	2	1	2
17	504	2	2	2
18	604	2	3	2
19	485	2	4	2
20	565	2	5	2
21	192	1	1	3
22	246	1	2	3
23	406	1	3	3

图 4-35　[例 4-6]数据输入格式

2. 统计分析

（1）简明分析步骤

【分析】→【一般线性模型】→【单变量】

因变量："x" \ 固定因子："a""b" \ 随机因子："r"

【模型】→"构建项" \ 模型："a""b""a×b""r" \ "交互"→【继续】

【事后比较】→下列各项的事后检验："b"→"LSD""S-N-K""邓肯"→【继续】

【EM 平均值】→ "a""b""$a×b$"→【继续】

【确定】

（2）分析过程说明　点击主菜单【分析】，在下拉菜单中选择【一般线性模型】，在弹出的小菜单中点击【单变量】，将因变量设为"x"，固定因子设为"a""b"，随机因子设为"r"，得到如图 4-36 所示结果。

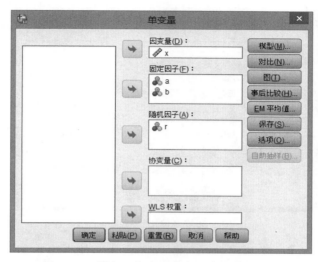

图 4-36　［例 4-6］多因素方差分析主对话框

点击【模型】，点击"构建项"，将"a""b""$a×b$""r"引入模型框，在"类型"下拉列表中选择"交互"。如图 4-37 所示。

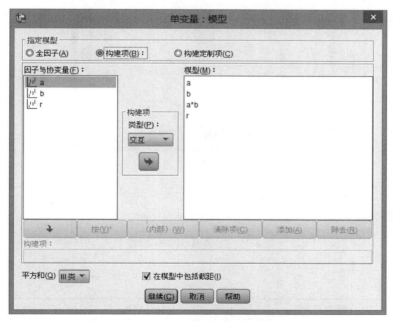

图 4-37　自定义方差分析模型

点击【事后比较】，将"b"引入下列各项的事后检验框中，选择"LSD""S-N-K""邓肯"，如图 4-38 所示，点击【继续】。

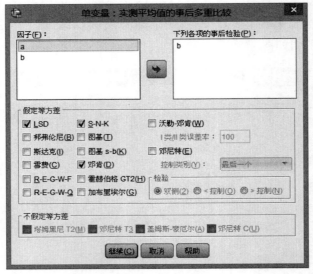

图 4-38　多重比较对话框

点击【EM 平均值】，将"a""b""$a \times b$"引入右侧框中，如图 4-39 所示，点击【继续】。

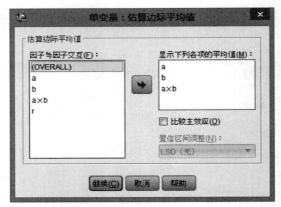

图 4-39　EM 平均值

点击【确定】，输出分析结果。如表 4-35、表 4-36 所示。

3. 结果说明

表 4-35　主体间效应的检验

主体间效应检验

因变量：x

源		Ⅲ类平方和	自由度	均方（MS）	F	显著性
截距	假设	7751041.600	1	7751041.600	892.785	.000
	误差	26045.600	3	8681.867[a]		

续表

源		Ⅲ类平方和	自由度	均方（MS）	F	显著性
a	假设	499075.600	1	499075.600	322.984	.000
	误差	41720.400	27	1545.200[b]		
b	假设	175641.650	4	43910.413	28.417	.000
	误差	41720.400	27	1545.200[b]		
a×b	假设	5045.150	4	1261.287	.816	.526
	误差	41720.400	27	1545.200[b]		
r	假设	26045.600	3	8681.867	5.619	.004
	误差	41720.400	27	1545.200[b]		

a. $MS(r)$。

b. MS（误差）。

由表 4-35 可知，追肥与不追肥 a（主处理）的平方和为 499075.600，自由度为 1，$F=322.984$，$P=0.000<0.01$，说明追肥与不追肥相比，早稻产量差异极显著。农肥间 b（副处理）的平方和为 175641.650，自由度为 4，$F=28.417$，$P=0.000<0.01$，说明 5 种农家肥对早稻产量的影响极显著。a×b 的 $F=0.816$，$P=0.526>0.05$，说明它们的交互效应对产量的影响不显著。

表 4-36 多重比较的结果

多重比较

因变量：x

LSD

(I) b	(J) b	平均值差值 (I-J)	标准误差	显著性	95% 置信区间	
					下限	上限
1	2	−79.00*	19.655	.000	−119.33	−38.67
	3	−175.63*	19.655	.000	−215.95	−135.30
	4	−71.88*	19.655	.001	−112.20	−31.55
	5	−170.75*	19.655	.000	−211.08	−130.42
2	1	79.00*	19.655	.000	38.67	119.33
	3	−96.63*	19.655	.000	−136.95	−56.30
	4	7.13	19.655	.720	−33.20	47.45
	5	−91.75*	19.655	.000	−132.08	−51.42
3	1	175.63*	19.655	.000	135.30	215.95
	2	96.63*	19.655	.000	56.30	136.95
	4	103.75*	19.655	.000	63.42	144.08
	5	4.88	19.655	.806	−35.45	45.20
4	1	71.88*	19.655	.001	31.55	112.20
	2	−7.13	19.655	.720	−47.45	33.20
	3	−103.75*	19.655	.000	−144.08	−63.42
	5	−98.88*	19.655	.000	−139.20	−58.55

续表

(I) b	(J) b	平均值差值 (I-J)	标准误差	显著性	95% 置信区间	
					下限	上限
5	1	170.75 *	19.655	.000	130.42	211.08
	2	91.75 *	19.655	.000	51.42	132.08
	3	−4.88	19.655	.806	−45.20	35.45
	4	98.88 *	19.655	.000	58.55	139.20

基于实测平均值。

误差项是均方(误差)＝1545.200。

＊. 平均值差值的显著性水平为 0.05。

由表 4-36 可知，绿肥和草塘泥的肥效显著高于堆肥和猪、牛粪肥；追肥对早稻产量的影响极显著。

4. 在文献中的表示方法

表 4-37 所示为本试验在文献中的表示方法。

表 4-37　农家肥料对早稻产量的影响　　　　单位：kg/亩

副区处理	主区处理	
	不追肥	追肥
不施肥	216.00 c C	465.50 c C
猪、牛粪	310.50 b ABC	529.00 b BC
绿肥	408.25 a AB	624.50 a A
堆肥	290.00 bc BC	535.25 b BC
草塘泥	417.75 a A	605.25 a AB
方差分析		
a		＊＊
b		＊＊
$a \times b$		n.s.

注：采用邓肯法进行多重比较，产量数据均为各水平 4 个重复的平均值，数值后的字母代表同一列数据多重比较的结果，其中小写字母代表在 $P<0.05$ 显著性条件下多重比较的结果，大写字母代表在 $P<0.01$ 显著性条件下多重比较的结果。方差分析下面的 a 代表处理因素"追肥与不追肥"，b 代表"5 种不同的农家肥"，"$a \times b$"代表它们的交互作用。方差分析是在 $P<0.05$ 条件下进行的，"n.s."代表差异不显著（$P>0.05$），"＊＊"代表差异极显著（$P<0.01$）。

卡方 (χ^2) 检验

在农业统计应用中，除了分析计量资料外，还常常需要对质量性状和质量反应的次数资料进行分析，它们的变异情况只能用分类计数的方法加以表示，对于这类计数资料，它们的显著性检验绝大部分需要用卡方检验。

卡方（χ^2）是度量实验频数和理论频数偏离程度的一个统计量，其检验公式为：

$$\chi^2 = \sum \frac{(A-T)^2}{T}$$

式中，A 为实验频数；T 为理论频数。

χ^2 越小，表明实验频数与理论频数越接近；$\chi^2 = 0$，表示两者完全吻合；χ^2 越大，表示两者相差越大。

卡方检验的使用限制如下。

① 样本容量应不小于 30，同时各组内的理论频数不小于 5。

② 如果某组的理论频数小于 5，则应将它与其相邻的一组或几组合并，直到合并组的理论频数大于 5 为止。

③ 如果有 20% 的组的理论频数都小于 5，则不适用 χ^2 检验。

④ 当自由度为 1 时，需要对 χ^2 检验公式进行连续性修正，也称为 Yate 修正。修正后的 χ^2 值记为 χ_c^2，计算公式为

$$\chi_c^2 = \sum \frac{(|A-T|-0.5)^2}{T}$$

卡方检验的一般步骤：

① 先将实验数据整理为列联表资料；

② 构建数据集；

③ 进行检验。在进行统计检验时，根据给定的显著性水平 α 和卡方检验的自由度确定检验的临界 χ_α^2。如果 $\chi^2 < \chi_\alpha^2$，则认为无效假设成立，即在 α 水平下无显著差异；如果 $\chi^2 > \chi_\alpha^2$，则否定无效假设，即在 α 水平下有显著差异。

第一节 2×2 列联表的卡方（χ^2）检验

2×2 列联表是行、列分类变量的水平数均为 2 的列联表，又称为四格表。自由度 $df = (2-1) \times (2-1) = 1$，在进行卡方检验时，需要使用 Yate 修正公式，进行连续性修正。

[例 5-1] 分别用灭螨 A 和灭螨 B 杀灭蜜蜂大峰螨，结果如表 5-1 所示，问两种灭螨剂的灭螨效果差异是否显著？

表 5-1　灭螨 A 和灭螨 B 杀灭蜜蜂大蜂螨实验结果

组别	未杀灭数 C_1	杀灭数 C_2	行合计
灭螨 AR_1	12	32	$T_{R1}=44$
灭螨 BR_2	22	14	$T_{R2}=36$
列合计	$T_{C1}=34$	$T_{C2}=46$	$T=80$

整理得 2×2 列联表形式，如表 5-2 所示。

表 5-2　2×2 列联表

组别	未杀灭数 C_1	杀灭数 C_2	行合计
灭螨 AR_1	12	32	44
灭螨 BR_2	22	14	36
列合计	34	46	80

1. 数据输入

① 启动 SPSS，点击"变量视图"进入定义变量工作表，分别设置"组别""效果""计数"三个变量，其中"组别"和"效果"两个变量的类型设定为"字符串"，"计数"变量的小数位数设定为"0"。如图 5-1 所示。

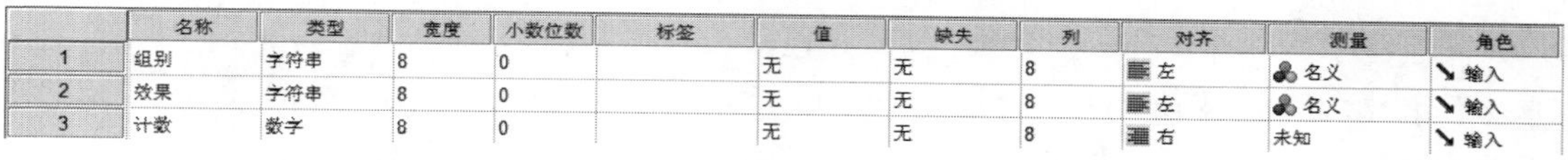

	名称	类型	宽度	小数位数	标签	值	缺失	列	对齐	测量	角色
1	组别	字符串	8	0		无	无	8	左	名义	输入
2	效果	字符串	8	0		无	无	8	左	名义	输入
3	计数	数字	8	0		无	无	8	右	未知	输入

图 5-1　［例 5-1］变量定义

② 点击"数据视图"，按图 5-2 格式输入数据。

2. 统计分析

（1）简明分析步骤

【数据】→【个案加权】→【个案加权系数】

频率变量（F）框："计数"　　　　　　频率变量为"计数"

【确定】

【分析】→【描述性统计】→【交叉表】

行（O）框："组别"　　　　　　行变量

列（C）框："效果"　　　　　　列变量

【统计】→"卡方（H）"　　　　　要求进行卡方检验

【继续】→【确定】

（2）分析过程说明　该例题所提供的数据采用频数表格式来记录，同组分别有两种互不相容的结果：杀灭或未杀灭，两组各自的结果互不影响，也即相互独立。对于这类数据，在

	组别	效果	计数
1	灭螨A	未杀灭	12
2	灭螨A	杀灭	32
3	灭螨B	未杀灭	22
4	灭螨B	杀灭	14

图 5-2　［例 5-1］数据输入

卡方检验前须用"个案加权"命令对频数变量进行预统计处理。即点击【数据】→【个案加权】，则弹出如图 5-3 所示对话框，选中"个案加权系数"，按三角箭头按钮将变量"计数"置入频率变量（F）框内，定义"计数"为权数，点击【确定】按钮。

如图 5-4 所示，单击【分析】→【描述性统计】→【交叉表】，弹出如图 5-5 对话框，点击三角箭头按钮将"组别"置入行（O）框内，将"效果"置入列（C）框内。

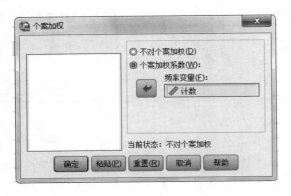

图 5-3　[例 5-1] 个案加权框

图 5-4　[例 5-1] 分析步骤

点击【统计】按钮，弹出如图 5-6 所示对话框，选中"卡方"检验，按【继续】按钮，返回图 5-5，再点击【确定】按钮，得到表 5-3～表 5-5 的输出结果。

图 5-5　[例 5-1] 交叉表对话框

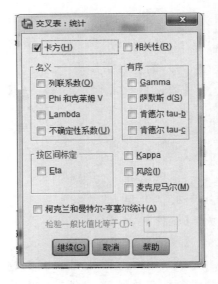

图 5-6　[例 5-1] 选中卡方检验

输出结果：

表 5-3 ［例 5-1］个案处理摘要表

	个案					
	有效		缺失		总计	
	N	百分比	N	百分比	N	百分比
组别×效果	80	100.0%	0	0.0%	80	100.0%

表 5-4 组别×效果交叉表

		效果		总计
		杀灭	未杀灭	
组别	灭螨 A	32	12	44
	灭螨 B	14	22	36
总计		46	34	80

表 5-5 ［例 5-1］卡方检验表

	值	自由度	渐进显著性（双尾）	精确显著性（双尾）	精确显著性（单尾）
皮尔逊卡方	9.277[a]	1	0.002		
连续性修正[b]	7.944	1	0.005		
似然比	9.419	1	0.002		
费希尔精确检验				0.003	0.002
有效个案数	80				

a. 0 个单元格（.0%）的期望计数小于 5。最小期望计数为 15.30。
b. 仅针对 2×2 表进行计算。

3. 结果说明

表 5-4 是样本分类的频数分析表，也即列联表。

表 5-5 是卡方检验结果，该题自由度为 1，故需用连续性修正公式，故采用连续性修正行的统计结果。所以 $\chi^2 = 7.944$，$P = 0.005 < 0.01$，说明灭螨剂 A 组和灭螨剂 B 组之间存在极显著差异，且灭螨剂 A 组的灭螨效果极显著高于灭螨剂 B 组。

第二节 $R \times C$ 列联表的卡方检验

$R \times C$ 列联表是行水平数 R（$R > 2$），列水平数 C（$C > 2$）的列联表。其自由度 $df = (R-1) \times (C-1) > 1$。

［例 5-2］表 5-6 是不同灌溉方式下水稻叶片衰老情况的调查资料。试测验稻叶衰老情况是否与灌溉方式有关。

表 5-6　不同灌溉方式下水稻叶片衰老情况

灌溉方式	绿叶数	黄叶数	枯叶数
深水	146	7	7
浅水	183	9	13
湿润	152	14	16
总计	481	30	36

1. 数据输入

① 启动 SPSS，点击"变量视图"进入定义变量工作表，分别设置"灌溉方式""稻叶情况""计数"三个变量，分别用"1、2、3"代表 3 种不同的灌溉方式和 3 种稻叶情况，"灌溉方式"变量类型定义为"字符串"，"稻叶情况"和"计数"定义为"数字"，三个变量的小数位数均设定为"0"。如图 5-7 所示。

	名称	类型	宽度	小数位数	标签	值	缺失	列	对齐	测量	角色
1	灌溉方式	字符串	8	0		无	无	8	左	名义	输入
2	稻叶情况	数字	8	0		无	无	8	右	未知	输入
3	计数	数字	8	0		无	无	8	右	未知	输入

图 5-7　[例 5-2] 变量定义

② 点击"数据视图"，按图 5-8 格式输入数据。

2. 统计分析

（1）简明分析步骤

【数据】→【个案加权】→【个案加权系数】

频率变量（F）框："计数"　　　　　频率变量为"计数"

【确定】

【分析】→【描述性统计】→【交叉表】

行（O）框："灌溉方式"　　　　　行变量

列（C）框："稻叶情况"　　　　　列变量

【统计】→"卡方（H）"　　　　　要求进行卡方检验

【继续】→【确定】

（2）分析过程说明　点击【数据】→【个案加权】，则弹出如图 5-9 所示对话框。

	灌溉方式	稻叶情况	计数
1	1	1	146
2	1	2	7
3	1	3	7
4	2	1	183
5	2	2	9
6	2	3	13
7	3	1	152
8	3	2	14
9	3	3	16

图 5-8　[例 5-2] 数据输入

图 5-9　[例 5-2] 个案加权对话框

选中"个案加权系数"，按三角箭头按钮将变量"计数"置入频率变量（F）框内，定义"计数"为权数，点击【确定】按钮。

如图 5-10 所示，单击【分析】→【描述性统计】→【交叉表】，弹出如图 5-11 对话框，点击三角箭头按钮将"灌溉方式"置入行（O）框内，将"稻叶情况"置入列（C）框内。

点击【统计】按钮，弹出如图 5-12 所示对话框，选中"卡方"检验，按【继续】按钮，返回图 5-11，再点击【确定】按钮，得到表 5-7～表 5-9 的输出结果。

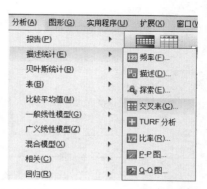

图 5-10　［例 5-2］分析步骤

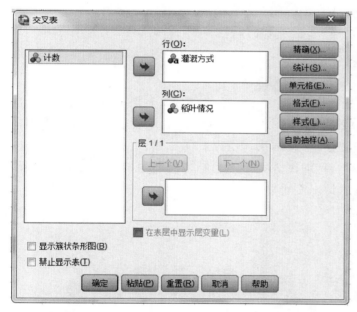

图 5-11　［例 5-2］交叉表对话框

图 5-12　［例 5-2］选中卡方检验

输出结果：

表 5-7　［例 5-2］个案处理摘要表

	个案					
	有效		缺失		总计	
	N	百分比	N	百分比	N	百分比
灌溉方式×稻叶情况	547	100.0%	0	0.0%	547	100.0%

表 5-8　灌溉方式×稻叶情况交叉表

| | | 稻叶情况 | | | 总计 |
		1	2	3	
灌溉方式	1	146	7	7	160
	2	183	9	13	205
	3	152	14	16	182
总计		481	30	36	547

表 5-9　［例 5-2］卡方检验结果表

	值	自由度	渐进显著性（双尾）
皮尔逊卡方	5.622[a]	4	0.229
似然比	5.535	4	0.237
有效个案数	547		

a. 0 个单元格（.0%）的期望计数小于 5。最小期望计数为 8.78。

3. 结果说明

表 5-8 是样本分类的频数分析表，也即列联表。

表 5-9 是卡方检验结果，该题自由度为 4，样本数为 547，表格下方注解为理论次数小于 5 的格子数为 0，最小的理论次数为 8.78，各理论次数均大于 5 ，故不需用连续性修正公式，故采用皮尔逊卡方的检验结果。所以 $\chi^2=5.622$，$P=0.229>0.05$，说明"深水""浅水"和"湿润"三种灌溉方式下水稻叶片衰老的情况没有显著差异，也即不同灌溉方式对水稻叶片衰老情况没有显著影响。

第六章

相关分析

用来研究呈平行关系的变量之间密切程度的分析方法称为相关分析。通常用相关系数（又称 Pearson 积差相关系数）这个数量指标加以描述变量间相关的密切程度与相关方向（一般以符号 r 表示样本相关系数，符号 ρ 表示总体相关系数）。相关系数 r 没有单位，其值为 $-1 \leqslant r \leqslant 1$，$r$ 值为正时表示正相关，r 值为负时表示负相关。当 r 值越接近 1 或 -1，说明相关关系越密切，r 值越接近 0 说明不存在相关关系。

相关分析与回归分析关系密切，前者是为了研究变量之间的密切程度，后者则是在前者的基础上研究某个变量对另一变量的影响强度。同时，回归方程中的决定系数也能体现变量之间的密切程度（决定系数的平方根就是相关系数），具体参见第七章。

相关分析中，对两个相关变量间的关系进行分析称为简单相关分析；研究一个变量与多个变量间的线性相关称为复相关分析；研究其余变量保持不变的情况下两个变量间的线性相关称为偏相关分析。本章将对几种常见相关分析方法进行详细介绍。

第一节　两个变量间的相关分析

[例 6-1] 某科技人员研究施肥量和小麦产量时，测得施肥量（g）和产量（kg）之间的关系，如表 6-1 所示，计算施肥量和产量之间的线性相关系数。

表 6-1　施肥量和小麦产量关系

施肥量/g	20	30	40	50	60	70	80
产量/kg	516.3	553.6	595.3	625.8	669.5	715.6	735.6

1. 数据输入

① 启动 SPSS 后，点击"变量视图"进入定义变量工作表，分别定义变量"施肥量"，类型为"数字"，小数位数定义为"0"；变量"产量"，类型为"数字"，小数位数定义为"1"，如图 6-1 所示。

	名称	类型	宽度	小数位数	标签	值	缺失	列	对齐	测量	角色
1	施肥量	数字	8	0		无	无	8	■右	未知	↘输入
2	产量	数字	8	1		无	无	8	■右	未知	↘输入
3											

图 6-1　[例 6-1] 定义变量工作表

② 点击"数据视图"进入数据视图工作表，按题目要求依次输入数据，如图 6-2 所示。

2. 统计分析

（1）简明分析步骤

【分析】→【相关】→【双变量】

变量栏："施肥量""产量"＼"皮尔逊"＼"双尾"＼"标记显著性相关性"

【选项】→"平均值和标准差"

【继续】→【确定】

（2）分析过程说明　点击【分析】按钮，在下拉菜单中点击【相关】，在弹出的小菜单中点击【双变量】，弹出"双变量相关性"对话框，将"施肥量"和"产量"移入变量栏，在相关系数栏中选择"皮尔逊"，显著性检验中选择"双尾"，勾选"标记显著性相关性"，如图 6-3 所示。

	⬚ 施肥量	⬚ 产量
1	20	516.3
2	30	553.6
3	40	595.3
4	50	625.8
5	60	669.5
6	70	715.6
7	80	735.6

图 6-2　［例 6-1］数据输入格式

图 6-3　［例 6-1］相关分析主对话框

图 6-3 相关分析主对话框说明：相关系数复选框组，此框中有三种相关系数，可根据需要选择计算相关系数指标。皮尔逊相关系数，是计算连续变量或是等间隔测度的变量间的相关系数 r（系统默认设置）。肯德尔相关系数，是计算两个变量均为有序分类时使用。斯皮尔曼相关系数，是非参数相关分析（秩相关）。后两种相关系数在［例 6-2］中介绍。

图 6-4　［例 6-1］选项对话框

点击【选项】按钮，弹出"双变量相关性：选项"对话框，在统计栏中选择"平均值和标准差"，点击【继续】按钮，如图 6-4 所示。

点击【确定】，输出分析结果。如表 6-2、表 6-3 所示。

3. 结果说明

表 6-2 为两变量的平均值和标准差。

表 6-2　描述统计结果

描述统计

	平均值	标准差	个案数
施肥量	50.00	21.602	7
产量	630.243	81.6751	7

表 6-3 为两变量的相关分析结果，施肥量和产量间的相关系数 $r = 0.998^{**}$，

Sig.（双尾）= 0.000＜0.01，差异极显著，表明两变量之间存在着极显著的正相关关系，即产量随着施肥量的增加而极显著增加。

表 6-3　相关分析结果

相关性

		施肥量	产量
施肥量	皮尔逊相关性	1	.998**
	Sig.（双尾）		.000
	个案数	7	7
产量	皮尔逊相关性	.998**	1
	Sig.（双尾）	.000	
	个案数	7	7

**. 在 0.01 级别（双尾），相关性显著。

第二节　两个等级（秩）变量间的相关分析

［例6-2］水稻7个品种直播与移植的产量等级情况记载于表6-4，试进行"直播等级"和"移植等级"两个等级变量间的相关分析。

表 6-4　水稻品种直播与移植的产量等级

品种	A	B	C	D	E	F	G
直播等级	8	7	4	1	5	3	2
移植等级	8	6	5	1	4	3	2

1. 数据输入

① 启动 SPSS 后，点击"变量视图"进入定义变量工作表，分别定义变量"直播等级""移植等级"，小数位数都定义为"0"，如图 6-5 所示。

名称	类型	宽度	小数位数	标签	值	缺失	列	对齐	测量	角色
直播等级	数字	8	0		无	无	8	圖右	未知	↘输入
移植等级	数字	8	0		无	无	8	圖右	未知	↘输入

图 6-5　［例6-2］定义变量工作表

② 点击"数据视图"进入数据视图工作表，按题目要求依次输入数据，如图 6-6 所示。

2. 统计分析

（1）简明分析步骤

【分析】→【相关】→【双变量】

变量："直播等级""移植等级"

相关系数："肯德尔""斯皮尔曼"\"双尾"\"标记显著性相关性"

【确定】

（2）分析过程说明　点击【分析】按钮，在下拉菜单中点击【相关】，在弹出的小菜单中点击【双变量】，弹出"双变量相关性"对话框，将"直播等级"和"移植等级"移入变量栏，在相关系数栏中选择"肯德尔"和"斯皮尔曼"，显著性检验中选择"双尾"，勾选"标记显著性相关性"，如图 6-7 所示。

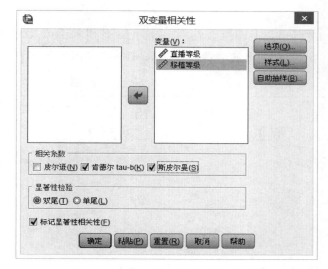

	直播等级	移植等级
1	8	8
2	7	6
3	4	5
4	1	1
5	5	4
6	3	3
7	2	2

图 6-6　[例 6-2] 数据输入格式　　　　图 6-7　[例 6-2] 相关分析主对话框

点击【确定】，输出结果。如表 6-5 所示。

3. 结果说明

表 6-5　两等级变量相关分析结果

相关性

			直播等级	移植等级
肯德尔 tau_b	直播等级	相关系数	1.000	.905**
		Sig.（双尾）	.000	.004
		N	7	7
	移植等级	相关系数	.905**	1.000
		Sig.（双尾）	.004	.000
		N	7	7
斯皮尔曼 rho	直播等级	相关系数	1.000	.964**
		Sig.（双尾）	.000	.000
		N	7	7
	移植等级	相关系数	.964**	1.000
		Sig.（双尾）	.000	.000
		N	7	7

**. 在 0.01 级别（双尾），相关性显著。

表 6-5 是水稻品种产量等级的肯德尔秩相关分析和斯皮尔曼秩相关分析结果。肯德尔分析相关系数为 0.905，Sig.（双尾）＝0.004＜0.01，表明秩相关系数极显著；斯

皮尔曼分析相关系数为 0.964，Sig.（双尾）＝0.000＜0.01，秩相关系数也极显著。因此两种方法均表明，直播等级与移栽等级之间存在着极显著的正相关关系。

第三节　多个变量之间的相关分析

[例 6-3] 不同施肥处理土壤重组有机质含量及不同结合形态所占的比例列于表 6-6，试确定各变量是否存在相关关系，并求出相关系数。

表 6-6　各结合形态占重组比例

处理	重组有机质 / (g/kg)	不同结合形态占重组百分数/%			
		松结态	稳结态	紧结态	松/紧
CK	10.9	51.95	10.52	37.53	1.58
N_1	11.4	46.82	11.34	41.84	1.12
N_2	10.1	49.08	10.15	40.77	1.2
NP	10.2	46.03	11.74	42.23	1.09
NPK	9.9	50.2	7.22	42.58	1.18
$M_1 N_1$	11.8	46.3	11.43	42.27	1.1
$M_1 N_2$	10.7	42.3	15.46	42.24	1
$M_1 NP$	12.2	41.8	14.99	43.21	0.97
$M_1 NPK$	10.6	43.3	13.31	43.29	1
M_2	13.4	47.4	9.01	43.59	1.09

1. 数据输入

① 启动 SPSS 后，点击"变量视图"进入定义变量工作表，分别定义变量"重组有机质"，小数位数定义为"1"；定义"松结态""稳结态""紧结态""松紧比"，小数位数定义为"2"，如图 6-8 所示。

名称	类型	宽度	小数位数	标签	值	缺失	列	对齐	测量	角色
重组有机质	数字	8	1		无	无	8	邏右	✔标度	↘输入
松结态	数字	8	2		无	无	8	邏右	✔标度	↘输入
稳结态	数字	8	2		无	无	8	邏右	✔标度	↘输入
紧结态	数字	8	2		无	无	8	邏右	✔标度	↘输入
松紧比	数字	8	2		无	无	8	邏右	✔标度	↘输入

图 6-8　[例 6-3] 定义变量工作表

② 点击"数据视图"进入数据视图工作表，按题目要求依次输入数据，如图 6-9 所示。

2. 统计分析

（1）简明分析步骤

【分析】→【相关】→【双变量】

变量栏："重组有机质""松结态""稳结态""紧结态""松紧比" \ "皮尔逊" \

	重组有机质	松结态	稳结态	紧结态	松紧比
1	10.9	51.95	10.52	37.53	1.38
2	11.4	46.82	11.34	41.84	1.12
3	10.1	49.08	10.15	40.77	1.20
4	10.2	46.03	11.74	42.23	1.09
5	9.9	50.20	7.22	42.58	1.18
6	11.8	46.30	11.43	42.27	1.10
7	10.7	42.30	15.46	42.24	1.00
8	12.2	41.80	14.99	43.21	.97
9	10.6	43.40	13.31	43.29	1.00
10	13.4	47.40	9.01	43.59	1.09

图 6-9　　［例 6-3］数据输入格式

"双尾" \ "标记显著性相关性"

　　【选项】→ "平均值和标准差"

　　【继续】→【确定】

　　（2）分析过程说明　点击【分析】按钮，在下拉菜单中点击【相关】，在弹出的小菜单中点击【双变量】，弹出 "双变量相关性" 对话框，将各变量移入变量栏，在相关系数栏中选择 "皮尔逊"，显著性检验中选择 "双尾"，勾选 "标记显著性相关性"，如图 6-10 所示。

　　点击【选项】按钮，弹出 "双变量相关性：选项" 对话框，在统计栏中选择 "平均值和标准差"，点击【继续】按钮，如图 6-11 所示。

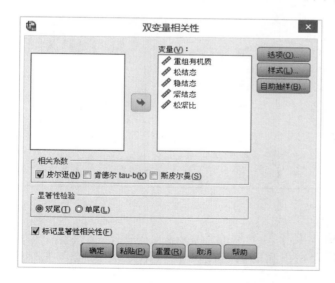

图 6-10　　［例 6-3］相关分析主对话框

图 6-11　　［例 6-3］选项对话框

　　点击【确定】，输出结果。如表 6-7、表 6-8 所示。

3. 结果说明

表 6-7　多个变量的描述统计结果

描述统计

	平均值	标准 偏差	个案数
重组有机质	11.120	1.0942	10
松结态	46.5280	3.34256	10
稳结态	11.5170	2.55004	10
紧结态	41.9550	1.75358	10
松紧比	1.1330	.17430	10

由表 6-7 可知各变量的平均值、标准偏差与个案数。松结态所占百分比的平均值为 46.528，标准偏差为 3.34256；稳结态的平均值为 11.5170，标准偏差为 2.55004；紧结态的平均值为 41.9550，标准偏差为 1.75358；松紧比的平均值为 1.1330，标准偏差为 0.17430。

表 6-8　多个变量的两两相关分析结果

相关性

		重组有机质	松结态	稳结态	紧结态	松紧比
重组有机质	皮尔逊相关性	1	−.231	.079	.325	−.209
	Sig.（双尾）		.521	.828	.359	.561
	个案数	10	10	10	10	10
松结态	皮尔逊相关性	−.231	1	−.856**	−.661*	.859**
	Sig.（双尾）	.521		.002	.038	.001
	个案数	10	10	10	10	10
稳结态	皮尔逊相关性	.079	−.856**	1	.178	−.491
	Sig.（双尾）	.828	.002		.622	.149
	个案数	10	10	10	10	10
紧结态	皮尔逊相关性	.325	−.661*	.178	1	−.923**
	Sig.（双尾）	.359	.038	.622		.000
	个案数	10	10	10	10	10
松紧比	皮尔逊相关性	−.209	.859**	−.491	−.923**	1
	Sig.（双尾）	.561	.001	.149	.000	
	个案数	10	10	10	10	10

**. 在 0.01 级别（双尾），相关性显著。
*. 在 0.05 级别（双尾），相关性显著。

由表 6-8 可知，松结态与稳结态的相关系数 $r = -0.856$，Sig.（双尾）$= 0.002 < 0.01$，差异极显著，说明两变量间存在极显著的线性负相关关系；松结态与紧结态的相关系数 $r = -0.661$，Sig.（双尾）$= 0.038 < 0.05$，差异显著，说明两变量间存在显著的线性负相关关系；松结态与松紧比的相关系数 $r = 0.859$，Sig.（双尾）$= 0.001 < 0.01$，差异极显著，说明两变量间存在极显著的线性正相关关系；紧结态与稳结态的相关系数 $r = 0.178$，Sig.（双尾）$= 0.622 > 0.05$，差异不显著，说明两变量间不存在线性相关关系；松紧比与稳结态的相关系数 $r = -0.491$，Sig.（双尾）$= 0.149 > 0.05$，差异不显著，说明两变量间不存在线性相关关系；紧结态与松紧比的相关系数 $r=-0.923$，Sig.（双尾）$=0.000<0.01$，差异极显著，说明两变量间存在极显著的线性负相关关系。

第四节 偏相关分析

[例 6-4] 表 6-9 为江苏启东高产棉田的部分调查资料，x_1 为每 666.7m² 株数（千株），x_2 为每株铃数，y 为皮棉产量（kg/666.7m²）。试计算各变量之间的偏相关系数。

表 6-9 高产棉田调查资料

x_1	x_2	y
6.21	10.2	95
6.29	11.8	110.5
6.38	9.9	95
6.50	11.7	107
6.52	11.1	109.5
6.55	9.3	94.5
6.61	10.3	91.5
6.77	9.8	99.5
6.82	8.8	91
6.96	9.6	100.5

1. 数据输入

① 启动 SPSS 后，点击"变量视图"进入定义变量工作表，定义变量"每亩株数"，小数位数定义为"2"；定义"每株铃数""皮棉产量"，小数位数定义为"1"，如图 6-12 所示。

名称	类型	宽度	小数位数	标签	值	缺失	列	对齐	测量	角色
每亩株数	数字	8	2		无	无	8	右	标度	输入
每株铃数	数字	8	1		无	无	8	右	标度	输入
皮棉产量	数字	8	1		无	无	8	右	标度	输入

图 6-12 [例 6-4] 定义变量工作表

② 点击"数据视图"进入数据视图工作表，按题目要求依次输入数据，如图 6-13 所示。

2. 统计分析

（1）简明分析步骤

【分析】→【相关】→【偏相关】

控制："每株铃数" \ 变量："每亩株数""皮棉产量"

【选项】→ "平均值和标准差" → "零阶相关性"

【继续】→【确定】

【分析】→【相关】→【偏相关】

控制："每亩株数" ＼ 变量："每株铃数""皮棉产量"

【选项】→ "平均值和标准差" → "零阶相关性"

【继续】→【确定】

【分析】→【相关】→【偏相关】

控制："皮棉产量" ＼ 变量："每亩株数""每株铃数"

【选项】→ "平均值和标准差" → "零阶相关性"

【继续】→【确定】

（2）分析过程说明　点击菜单栏【分析】→【相关】→【偏相关】，弹出"偏相关性"对话框，首先将"每株铃数"选入控制栏，"每亩株数""皮棉产量"选入变量栏，以计算控制"每株铃数"不变时，"每亩株数"和"皮棉产量"的偏相关系数，如图6-14所示。

	每亩株数	每株铃数	皮棉产量
1	6.21	10.2	95.0
2	6.29	11.8	110.5
3	6.38	9.9	95.0
4	6.50	11.7	107.0
5	6.52	11.1	109.5
6	6.55	9.3	94.5
7	6.61	10.3	91.5
8	6.77	9.8	99.5
9	6.82	8.8	91.0
10	6.96	9.6	100.5

图 6-13　　[例 6-4] 数据输入格式

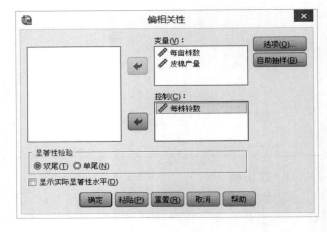

图 6-14　　[例 6-4] 相关分析主对话框（一）

"偏相关性"对话框左下角的"显示实际显著性水平"表示：选择该项则只显示相关系数与相应的概率值；不选择该项则对结果用" * "进行显著性标记，本例不选择该项。

点击【选项】，选择"平均值和标准差"，要求计算各变量的平均值和标准差；选择"零阶相关性"，显示零阶相关矩阵及两两变量之间的皮尔逊相关系数，如图6-15所示。

点击【继续】→【确定】，输出结果。

计算在控制"每亩株数"不变的情况下，"每株铃数"和"皮棉产量"的关系。在"偏相关性"对话框中将"每亩株数"选入控制栏，"每株铃数"和"皮棉产量"选入变量栏，其他操作同上，如图6-16所示。

图 6-15　〔例 6-4〕选项对话框

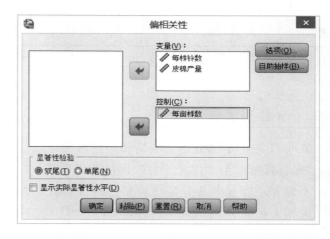

图 6-16　〔例 6-4〕相关分析主对话框（二）

　　计算在控制"皮棉产量"不变的情况下，"每亩株数"和"每株铃数"的关系。在"偏相关性"对话框中将"皮棉产量"选入控制栏，"每株铃数"和"每亩株数"选入变量栏，其他操作同上，如图 6-17 所示。

　　输出结果说明见表 6-10～表 6-13。

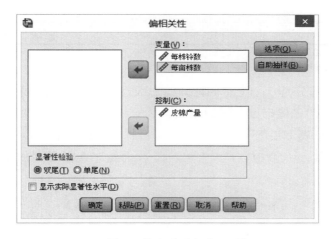

图 6-17　〔例 6-4〕相关分析主对话框（三）

3. 结果说明

　　表 6-10 为 3 个变量的平均值、标准偏差和个案数。"每亩株数"的平均值为 6.5610，标准偏差为 0.23741；"皮棉产量"的平均值为 99.4000，标准偏差为 7.30221；"每株铃数"的平均值为 10.2500，标准偏差为 0.99917。

表 6-10   各变量的描述统计量

描述统计

	平均值	标准 偏差	个案数
每亩株数	6.5610	.23741	10
皮棉产量	99.4000	7.30221	10
每株铃数	10.2500	.99917	10

表 6-11 的上半部分是 3 个变量间两两简单线性相关分析的结果。可见如果单独分析，"每亩株数"与"皮棉产量"间的相关系数 $r=-0.230$，$P>0.05$，两变量间相关关系不显著；表下半部分是在控制"每株铃数"的影响后，"每亩株数"和"皮棉产量"的相关系数 $r=0.480$，$P>0.05$，二者仍然不存在显著的相关关系。

表 6-11   控制每株铃数的偏相关分析结果

相关性

控制变量			每亩株数	皮棉产量	每株铃数
-无 -[a]	每亩株数	相关性	1.000	-.230	-.552
	皮棉产量	相关性	-.230	1.000	.826**
	每株铃数	相关性	-.552	.826**	1.000
每株铃数	每亩株数	相关性	1.000	.480	
	皮棉产量	相关性	.480	1.000	

＊＊. 在 0.01 级别，相关性显著。
a. 单元格包含零阶（皮尔逊）相关性。

表 6-12 的上半部分是 3 个变量间两两简单线性相关分析的结果。可见如果单独分析，"每株铃数"与"皮棉产量"间的相关系数 $r=0.826$，$P<0.01$，两变量间存在极显著的正相关关系；表下半部分是在控制"每亩株数"的影响后，"每株铃数"和"皮棉产量"的相关系数 $r=0.861$，$P<0.01$，二者仍然存在极显著的正相关关系，但相关系数不同。

表 6-12   控制每亩株数的偏相关分析结果

相关性

控制变量			皮棉产量	每株铃数	每亩株数
-无 -[a]	皮棉产量	相关性	1.000	.826**	-.230
	每株铃数	相关性	.826**	1.000	-.552
	每亩株数	相关性	-.230	-.552	1.000
每亩株数	皮棉产量	相关性	1.000	.861**	
	每株铃数	相关性	.861**	1.000	

＊＊. 在 0.01 级别，相关性显著。
a. 单元格包含零阶（皮尔逊）相关性。

表 6-13 的上半部分是 3 个变量间两两简单线性相关分析的结果。可见如果单独分析，"每亩株数"与"每株铃数"间的相关系数 $r=-0.552$，$P>0.05$，两变量间相关关系不显著；表下半部分是在控制"皮棉产量"的影响后，"每亩株数"和"每株铃数"的相关系数 $r=-0.660$，$P>0.05$，二者仍然不存在显著的相关关系。

表 6-13 控制皮棉产量的偏相关分析结果

相关性

控制变量			每株铃数	每亩株数	皮棉产量
-无 -[a]	每株铃数	相关性	1.000	−.552	.826 **
	每亩株数	相关性	−.552	1.000	−.230
	皮棉产量	相关性	.826 **	−.230	1.000
皮棉产量	每株铃数	相关性	1.000	−.660	
	每亩株数	相关性	−.660	1.000	

＊＊. 在 0.01 级别，相关性显著。
a. 单元格包含零阶（皮尔逊）相关性。

因此，在设计多个变量的相关分析中，简单相关系数和偏相关系数是有差异的，这是因为在多个变量的数据资料中，两个变量的简单相关系数没有消除其他变量的影响，往往掺杂其他变量的效应。当其他变量与分析变量存在正相关时，便混有正效应，简单相关系数高于偏相关系数；反之简单相关系数低于偏相关系数。因此必须采用偏相关分析来处理多个变量时某两个变量之间的真实相关关系。

第七章

回归分析

回归分析常用于研究呈因果关系的相关变量间的关系，即用一个或多个变量估计另一个变量。我们把表示原因的变量称为自变量（x），把表示结果的变量称为因变量（y）。回归分析可依据自变量多少分为一元直线回归分析、一元曲线回归分析、多元线性回归分析、多元非线性回归分析。

线性回归的适用条件如下。

① 线性趋势。线性回归要求自变量与因变量的关系是线性的，若不是则不能采用线性回归进行分析。

② 独立性。因变量 y 的取值相互独立，它们之间没有联系。在线性回归模型中则要求残差相互独立，不存在自相关。

③ 正态性。就自变量的任何线性组合，因变量 y 均服从正态分布。

④ 方差齐性。对自变量的任何线性组合，因变量 y 的方差均相同。

第一节　一元线性回归分析

[例 7-1] 为了探究土壤速效磷与小麦产量的关系，在某乡选择了 20 块地种植小麦，同时采土测定土壤速效磷含量，实验结果如表 7-1 所示。试对速效磷和小麦产量的数据进行回归分析。

表 7-1　土壤速效磷与小麦产量测定结果

编号	1	2	3	4	5	6	7	8	9	10
速效磷（x）/(mg/kg)	25.40	5.30	9.60	12.00	4.40	12.30	11.40	17.00	7.50	3.50
小麦产量（y）/kg	356.00	260.30	273.30	251.10	143.50	291.10	300.50	294.60	294.50	130.40
编号	11	12	13	14	15	16	17	18	19	20
速效磷（x）/(mg/kg)	14.70	14.30	13.30	11.40	7.20	16.20	6.40	27.00	7.80	10.10
小麦产量（y）/kg	273.00	295.60	231.90	206.60	270.20	319.00	251.00	390.20	243.10	277.70

1. 数据输入

以 x 代表土壤速效磷，y 代表小麦产量。启动 SPSS，进入"变量视图"工作表，分别命名"x"和"y"两个变量，小数位数定义为"2"。点击"数据视图"工作表，按图 7-1 所示格式输入数据。

2. 统计分析

（1）简明分析步骤

【分析】→【回归】→【线性】

因变量（D）框："y"　　　　　　　　　因变量为小麦产量 y

自变量（I）框："x"　　　　　　　　　自变量为土壤速效磷 x

【统计（S）】→"估算值""模型拟合""描述"　　要求输出变量的基本统计量

【继续】→【确定】

（2）分析过程说明　单击主菜单【分析】→【回归】→【线性】，弹出如图 7-2 所示"线性回归"对话框。按三角箭头按钮将变量"y"置入因变量（D）框内，将变量"x"置入自变量（I）框内。如图 7-2 所示。

	x	y
1	25.40	356.00
2	5.30	260.30
3	9.60	273.30
4	12.00	251.10
5	4.40	143.50
6	12.30	291.10
7	11.40	300.50
8	17.00	294.60
9	7.50	294.50
10	3.50	130.40
11	14.70	273.00
12	14.30	295.60
13	13.30	231.90
14	11.40	206.60
15	7.20	270.20
16	16.20	319.00
17	6.40	251.00
18	27.00	390.20
19	7.80	243.10
20	10.10	277.70

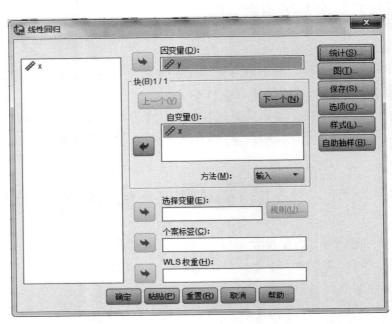

图 7-1　［例 7-1］数据输入　　　　　图 7-2　线性回归分析主对话框

单击【统计】按钮，弹出"线性回归：统计"对话框，勾选各描述统计量，如图 7-3 所示，按【继续】按钮返回，点击【确定】按钮，输出表 7-2～表 7-5 的分析结果。

注：图 7-3 "统计"对话框中几个主要选项的说明如下。

"估算值"：可输出回归系数 b 和其标准误差、t 值和 P 值、标准化的回归系数；

图 7-3　选择描述统计量

"置信区间"：输出每个回归系数的 95% 可信区间；

"协方差矩阵"：输出各个自变量的相关矩阵和方差、协方差矩阵；

"模型拟合"：模型拟合过程中进入、退出的变量的列表，以及一些有关拟合优度的检验，包括复相关系数 R，决定系数 r^2（即 R 方）和校正的 r^2，标准误差及方差分析表；

"R 方变化量"：显示模型拟合过程中 R 方、F 值和 Sig 值的改变情况；

"描述"：提供一些变量描述，如有效例数、均数、标准差等，同时还给出一个自变量间的相关矩阵；

"部分相关性和偏相关性"：显示自变量间的相关、部分相关和偏相关系数；

"共线性诊断"：给出一些用于共线性诊断的统计量，如特征根、方差膨胀因子等。

以上各项在默认情况下，只有"估算值"和"模型拟合"被选中。

3. 结果说明

由表 7-2 可知，土壤速效磷的平均值为 11.84，标准偏差为 6.23373；小麦产量的平均值为 267.68，标准偏差为 60.67616。

表 7-2 描述统计表

	平均值	标准偏差	个案数
y	267.6800	60.67616	20
x	11.8400	6.23373	20

由表 7-3 可知，该表是有关线性回归模型的参数，R 相当于两个变量的相关系数 (r)，其值为 0.782；R 方也称决定系数 r^2，其值为 0.611，表示因变量小麦产量的变异中有 61.1% 是由自变量土壤速效磷含量的不同造成的；校正的决定系数为 0.590，估计标准误差为 38.86494。

表 7-3 回归分析的常用统计量

模型	R	R 方	调整后 R 方	估计标准误差
1	.782[a]	0.611	0.590	38.86494

a. 预测变量：（常量），x。

由表 7-4 可知 F 为 28.310，Sig 值 =0.000<0.01，表明土壤速效磷和小麦产量之间存在极显著的线性回归关系。

表 7-4 回归关系的方差分析

模型		平方和	自由度	均方	F	显著性
1	回归	42761.624	1	42761.624	28.310	.000[b]
	残差	27188.708	18	1510.484		
	总计	69950.332	19			

a. 因变量：y。

b. 预测变量：（常量），x。

由表 7-5 可知，回归系数 $b=7.610$，（常量）$=177.574$，因此可建立如下回归方程：$y=177.574+7.61x$。常量的标准误差为 19.035，回归系数的标准误差为 1.430，相关系数为 0.782，t 值为 5.321，Sig 值 =0.000<0.01，即线性回归系数为 7.61 是极显著的，表明土壤速效磷和小麦产量之间存在极显著的线性关系，可用所建立的回归方程来进行预测和控制。

表 7-5　回归系数及回归系数的 t 检验

模型		未标准化系数		标准化系数	t	显著性
		B	标准误差	Beta		
1	（常量）	177.574	19.035		9.329	0.000
	x	7.610	1.430	0.782	5.321	0.000

a. 因变量：y。

综上所述，方差分析结果和 t 检验结果一致，因此在线性回归分析中，这两种方法等价。

第二节　多元线性回归分析

多元线性回归方程的一般式为 $=b_0+b_1x_1+b_2x_2+\cdots+b_mx_m$，$b_0$ 为常数项，b_1，b_2，…，b_m 称为偏回归系数。

[例 7-2] 表 7-6 为江苏启东高产棉田的部分调查资料，x_1 为每 666.7m² 株数（千株），x_2 为每株铃数，y 为皮棉产量（kg/666.7m²），试建立多元线性回归方程，并检验其显著性。

表 7-6　高产棉田调查资料

x_1	x_2	y	x_1	x_2	y
6.21	10.2	95	6.55	9.3	94.5
6.29	11.8	110.5	6.61	10.3	91.5
6.38	9.9	95	6.77	9.8	99.5
6.50	11.7	107	6.82	8.8	91
6.52	11.1	109.5	6.96	9.6	100.5

1. 数据输入

① 启动 SPSS，进入"变量视图"工作表，分别命名"x_1""x_2"和"y"三个变量，变量"x_1"小数位数定义为"2"，变量"x_2"和变量"y"小数位数定义均为"1"。为了便于输出结果的观察，可单击这些变量相应的"标签"单元格，对各自所代表的内容分别进行标记，如图 7-4 所示。

	名称	类型	宽度	小数位数	标签	值	缺失	列	对齐	测量	角色
1	x1	数字	8	2	每666.7m²株数	无	无	8	居中	未知	输入
2	x2	数字	8	1	每株铃数	无	无	8	居中	未知	输入
3	y	数字	8	1	皮棉产量	无	无	8	居中	未知	输入

图 7-4　[例 7-2] 定义变量

② 点击"数据视图"工作表，按图 7-5 所示格式输入数据。

2. 统计分析

（1）简明分析步骤

【分析】→【回归】→【线性】

因变量（D）框："皮棉产量［y］"　　　　　因变量为皮棉产量 y

自变量（I）框："每 666.7m² 株数［x_1］"、　自变量为 x_1（每 666.7m² 株

　　　　　　　"每株铃数［x_2］"　　　　　数）、x_2（每株铃数）

方法（M）框："输入"　　　　　　　　　　该组变量进入方式为"输入"

【确定】

（2）分析过程说明　单击主菜单【分析】→【回归】→【线性】，弹出如图 7-6 所示"线性回归"对话框。按三角箭头按钮将变量"y"置入因变量（D）框内，将变量"x_1""x_2"置入自变量（I）框内，使方法下拉式选择框处于"输入"位，即把所有的自变量同时纳入回归方程。

	✐ x1	✐ x2	✐ y
1	6.21	10.2	95.0
2	6.29	11.8	110.5
3	6.38	9.9	95.0
4	6.50	11.7	107.0
5	6.52	11.1	109.5
6	6.55	9.3	94.5
7	6.61	10.3	91.5
8	6.77	9.8	99.5
9	6.82	8.8	91.0
10	6.96	9.6	100.5

图 7-5　［例 7-2］数据输入　　　　　　　图 7-6　［例 7-2］线性回归分析对话框

点击【确定】按钮，输出表 7-7～表 7-10 的分析结果。

3. 结果说明

表 7-7　［例 7-2］个案摘要表

	平均值	标准偏差	个案数
皮棉产量	99.400	7.3022	10
每 666.7m² 株数	6.5610	0.23741	10
每株铃数	10.250	0.9992	10

表 7-8　［例 7-2］模型摘要表

模型	R	R 方	调整后 R 方	标准误差
1	.869[a]	0.756	0.686	4.0916

a. 预测变量：（常量），每株铃数，每 666.7m² 株数。

表 7-9　［例 7-2］偏回归系数的方差分析

模型		平方和	自由度	均方	F	显著性
	回归	362.713	2	181.357	10.833	.007[b]
1	残差	117.187	7	16.741		
	总计	479.900	9			

a. 因变量：皮棉产量。
b. 预测变量：（常量），每株铃数，每 666.7m² 株数。

表 7-10　［例 7-2］各变量偏回归系数及其检验

模型		未标准化系数		标准化系数	t	显著性
		B	标准误差	Beta		
	（常量）	−41.418	56.247		−0.736	0.485
1	每 666.7m² 株数	9.984	6.889	0.325	1.449	0.191
	每株铃数	7.347	1.637	1.005	4.488	0.003

a. 因变量：皮棉产量。

由表 7-7 可知，皮棉产量的平均值为 99.400，标准偏差为 7.3022；每 666.7m² 株数的平均值为 6.5610，标准偏差为 0.23741；每株铃数的平均值为 10.250，标准偏差为 0.9992。

由表 7-8 可知复相关系数（R）的有关指标，表示自变量与因变量关系的密切程度以及抽样误差。R 相当于两个变量的相关系数（r），其值为 0.869；R 方也称决定系数 r^2，其值为 0.756，校正的决定系数为 0.686，标准误差为 4.0916。

由表 7-9 可知，该表对偏回归系数进行方差分析，从而说明偏回归系数的抽样误差大小。表中 F 为 10.833，$P=0.007<0.01$，表明皮棉产量 y 和每 666.7m² 株数 x_1、每株铃数 x_2 之间存在极显著的线性回归关系。

由表 7-10 可知，回归系数 $b_1=9.984$，$b_2=7.347$，（常量）$b_0=-41.418$，因此可建立如下回归方程：$y=-41.418+9.984x_1+7.347x_2$。常量的标准误差为 56.247，$t=-0736$，Sig. $=0.485<0.05$；偏回归系数 b_1 的标准误差为 6.889，$t=1.449$，Sig. $=0.191>0.05$；偏回归系数 b_2 的标准误差为 1.637，$t=4.488$，Sig. $=0.003<0.01$。故偏回归系数 b_2 极显著，偏回归系数 b_1 不显著，说明每 666.7m² 株数对皮棉产量的影响不显著，但每株铃数对皮棉产量影响极显著。

第三节　逐步回归分析

［例 7-3］测定 18 个土样的无机磷含量（x_1）、溶于 K_2CO_3 并为溴酸物水解有机磷含量（x_2）、溶于 K_2CO_3 但不为溴酸物水解有机磷含量（x_3）和玉米吸收的磷含量（y），其单位皆为 $\mu g/g$，测定结果如表 7-11 所示，试进行逐步回归分析。

表 7-11　〔例 7-3〕数据资料

序号	$y/$（$\mu g/g$）	$x_1/$（$\mu g/g$）	$x_2/$（$\mu g/g$）	$x_3/$（$\mu g/g$）
1	64	0.4	53	158
2	60	0.4	23	163
3	71	3.1	19	37
4	61	0.6	34	157
5	54	4.7	24	59
6	77	1.7	65	123
7	81	9.4	44	46
8	93	10.1	31	117
9	93	11.6	29	173
10	51	12.6	58	112
11	76	10.9	37	111
12	96	23.1	46	114
13	77	23.1	50	134
14	93	21.6	44	73
15	95	23.1	56	168
16	54	1.9	36	143
17	168	26.8	58	202
18	99	29.9	51	124

1. 数据输入

启动 SPSS，进入"变量视图"工作表，分别命名"x_1""x_2""x_3"和"y"四个变量，除"x_1"小数位数定义为"1"外，其他三个变量小数位数均定义为"0"，为了便于输出结果的观察，可单击这些变量相应的"标签"单元格，对各自所代表的内容分别进行标记。点击"数据视图"工作表，按图 7-7 所示格式输入数据。

	y	x1	x2	x3
1	64	.4	53	158
2	60	.4	23	163
3	71	3.1	19	37
4	61	.6	34	157
5	54	4.7	24	59
6	77	1.7	65	123
7	81	9.4	44	46
8	93	10.1	31	117
9	93	11.6	29	173
10	51	12.6	58	112
11	76	10.9	37	111
12	96	23.1	46	114
13	77	23.1	50	134
14	93	21.6	44	73
15	95	23.1	56	168
16	54	1.9	36	143
17	168	26.8	58	202
18	99	29.9	51	124

图 7-7　〔例 7-3〕数据输入

2. 统计分析

（1）简明分析步骤

【分析】→【回归】→【线性】

因变量（D）框："玉米吸收的磷含量［y］"　　　　因变量为玉米吸收的磷含量 y

自变量（I）框："无机磷含量［x_1］"　　　　　　自变量 x_1（无机磷含量）

"溶于 K_2CO_3 并为溴酸物水解有机磷含量［x_2］"　自变量 x_2（溶于 K_2CO_3 并为溴
　　　　　　　　　　　　　　　　　　　　　　　酸物水解有机磷含量）

"溶于 K_2CO_3 但不为溴酸物水解有机磷含量［x_3］"　自变量 x_3（溶于 K_2CO_3 但不为
　　　　　　　　　　　　　　　　　　　　　　　溴酸物水解有机磷含量）

方法（M）框："步进"　　　　　　　　　　　　该组变量进入方式为"步进"

【确定】

（2）分析过程说明　单击主菜单【分析】→【回归】→【线性】，弹出如图 7-8 所示"线性回归"对话框。按三角箭头按钮将变量"y"置入因变量（D）框内，将变量"x_1""x_2""x_3"置入自变量（I）框内，使方法下拉式选择框处于"步进"位，点击【确定】按钮，输出表 7-12～表 7-16 的分析结果。

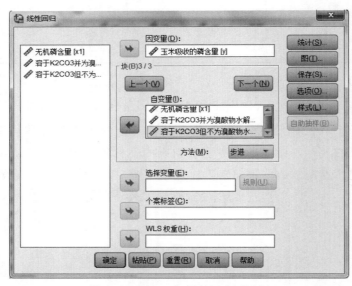

图 7-8　［例 7-3］线性回归对话框

3. 结果说明

表 7-12 为整个逐步回归过程中引入变量和除去变量的情况。该表显示第一次引入的变量为玉米吸收的磷含量 y，且引入的变量未被剔除。

表 7-12　［例 7-3］向回归方程中引入自变量的步骤

模型	输入的变量	除去的变量	方法
1	无机磷含量		步进（条件：要输入的 F 的概率 $<= .050$，要除去的 F 的概率 $>= .100$）

a. 因变量：玉米吸收的磷含量。

表 7-13 说明对回归方程影响最大的变量一次引入回归方程后，复相关系数 R 的变化。复相关系数表示自变量与因变量的密切程度。估计标准误差表示自变量的影响因素被扣除后，因变量本身的差异。该表显示当"x_1（无机磷含量）"被引入回归方程时，其复相关系数为 0.693，估计标准误差为 20.051。

表 7-13　　[例 7-3] 模型摘要表

模型	R	R 方	调整后 R 方	估计标准误差
1	.693[a]	0.481	0.448	20.051

a. 预测变量：（常量），无机磷含量。

表 7-14 为各步引入影响最大的变量后对其各自的偏回归系数的方差分析。当"x_1（无机磷含量）"被引入回归方程时，其偏回归系数的 $F=14.817$，P（Sig.）$\approx 0.001 < 0.01$。故可以看出"x_1（无机磷含量）"被引入回归方程时对回归方程的影响极显著，而"x_2（溶于 K_2CO_3 并为溴酸物水解有机磷含量）、x_3（溶于 K_2CO_3 但不为溴酸物水解有机磷含量）"的偏回归系数 b_2、b_3 无统计学意义，也即对回归方程的影响不大，因而未被引入回归方程。

表 7-14　　[例 7-3] 方差分析表

模型		平方和	自由度	均方	F	显著性
1	回归	5957.022	1	5957.022	14.817	.001[b]
	残差	6432.589	16	402.037		
	总计	12389.611	17			

a. 因变量：玉米吸收的磷含量。
b. 预测变量：（常量），无机磷含量。

表 7-15 为当各步引入对回归方程影响最大的变量时有关偏回归系数即 t 检验。由该表可知，第一次引入的变量为"x_1（无机磷含量）"，所得的第一回归方程为：$y=59.259+1.843\,x_1$。自变量 x_1 所对应的 P 值为 0.001，小于 0.01，故它的回归检验具有极高的显著性。

表 7-15　　[例 7-3] 偏回归系数及其 t 检验表

模型		未标准化系数		标准化系数	t	显著性
		B	标准误差	Beta		
1	（常量）	59.259	7.420		7.986	0.000
	无机磷含量	1.843	0.479	0.693	3.849	0.001

a. 因变量：玉米吸收的磷含量。

表 7-16 说明各变量未引入回归方程时偏回归系数的变化及假设检验，以及偏相关系数的变化情况。该表显示，在模型 1 中，"x_2（溶于 K_2CO_3 并为溴酸物水解有机磷含量）"的 $t=0.209$，$P=0.837$，"x_3（溶于 K_2CO_3 但不为溴酸物水解有机磷含量）"的 $t=1.494$，$P=0.156$，故无显著统计学意义，均未被引入方程，因此为不重要变量。

表 7-16 剔除变量情况

模型		输入 Beta	t	显著性	偏相关	共线性统计
						容差
1	x_2	$.044^b$	0.209	0.837	0.054	0.787
	x_3	$.262^b$	1.494	0.156	0.360	0.977

a. 因变量：玉米吸收的磷含量。

b. 模型中的预测变量：（常量），无机磷含量。

综上所述，逐步回归方程 $y=59.259+1.843\ x_1$ 为最优回归模型。

第四节　曲线回归分析

在实际生产中，变量间的相关关系并非一定是线性关系，更多的是各种各样的曲线关系。在许多情况下，曲线回归可以通过变量转换化成线性形式来解决。

[例 7-4] 水稻氮肥施用量试验：氮肥施用量为每 $666.7m^2$ 施用 0、3、6、9、12kg，试验结果如表 7-17 所示。请建立多项式回归方程，检验其显著性。

表 7-17 水稻氮肥施用量试验结果

处理号	1	2	3	4	5
施氮量/（kg/666.7m²）	0	3	6	9	12
产量/（kg/666.7m²）	312	380	461	502	485

	施氮量	产量
1	0	312
2	3	380
3	6	461
4	9	502
5	12	485

图 7-9 ［例 7-4］数据输入

1. 数据输入

启动 SPSS 后，点击"变量视图"进入定义变量工作表，用名称命令命名产量"施氮量""产量"。变量类型为"数字"，小数位定义为"0"。点击"数据视图"，按如图 7-9 格式输入数据。

2. 统计分析

（1）简明分析步骤

【分析】→【回归】→【曲线估算】

因变量（D）框："产量"　　　　　　　　因变量为产量 y

变量（V）框："施氮量"　　　　　　　　自变量为施氮量 x

模型："线性""二次"……　　　　　　　勾选所需的曲线方程

【确定】

（2）分析过程说明　单击【分析】→【回归】→【曲线估算】，弹出如图 7-10 所示"曲线估算"对话框，按三角箭头按钮将变量"产量"置入因变量（D）框内，将变量"施氮量"置入变量（V）框内。在模型栏勾选所需的曲线方程。

点击【确定】按钮，输出表 7-18、图 7-11 的分析结果。

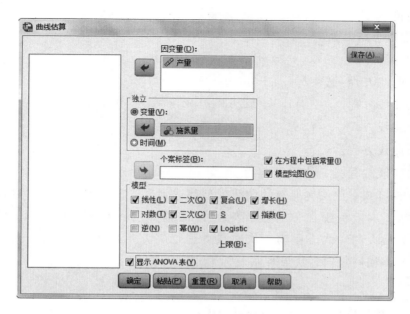

图 7-10 曲线估算对话框

表 7-18 拟合曲线的参数汇总表

回归方程	决定系数 R 方	df_1	df_2	F 值	Sig 值	常数 b_0	b_1	b_2	b_3
线性	0.856	1	3	17.896	0.024	334.400	15.600		
二次	0.990	2	2	48.030	0.020	304.400	35.600	-1.667	
三次	1.000	3	1	486.790	0.033	311.500	18.639	2.278	-0.219
复合	0.919	1	3	16.317	0.027	334.194	1.039		
增长	0.919	1	3	16.317	0.027	5.812	0.039		
指数	0.919	1	3	16.317	0.027	334.194	0.039		

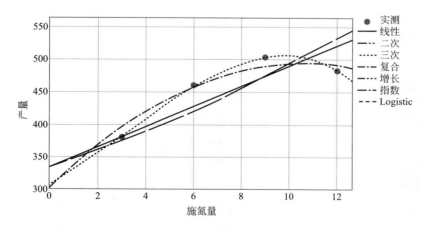

图 7-11 产量和施氮量的曲线拟合

3. 结果说明

6种曲线拟合结果如下。

① 线性方程：$y = 334.4 + 15.6x$

② 二次曲线方程：$y = 304.4 + 35.6x - 1.667x^2$

③ 三次曲线方程：$y = 311.5 + 18.639x + 2.278x^2 - 0.219x^3$

④ 复合曲线方程：$y = 334.194 \times (1.039)^x$

⑤ 增长曲线方程：$y = e^{(5.812 + 0.039)x}$

⑥ 指数曲线方程：$y = 334.194e^{0.039x}$

由表 7-18 可知，该例题所有的曲线模型都达到显著水平 $P < 0.05$，这可能是由于样本容量较小。决定系数 R 方的大小表示了回归曲线方程估测的可靠程度的高低，该例题决定系数最大的曲线方程为三次曲线方程，R 方 $= 1.000$，表明三次曲线方程为描述施氮量与水稻产量的最优方程。

第五节 二次回归正交设计与分析

回归正交设计是广泛应用的回归设计方法，是基于正交试验的优点，利用正交表来安排试验。它是在正交设计基础上发展起来的，可建立方程，选择最佳的方案。其突出优点是用很少的处理组合得出完全实施试验相同项数的回归模型，在计算机推荐施肥试验中应用甚广。

不同自变数（P）下处理组合数，列于表 7-19。

表 7-19 二次回归正交设计的处理组合

因素个数（P）	m_c	$2P$	m_0	选用的正交表	处理组合数 N
2	$2^2 = 4$	$2 \times 2 = 4$	1	$L_4 (2^3)$	9
3	$2^3 = 8$	$2 \times 3 = 6$	1	$L_8 (2^7)$	15
4	$2^4 = 16$	$2 \times 4 = 8$	1	$L_{16} (2^{15})$	25
5	$2^5 = 32$	$2 \times 5 = 10$	1	$L_{32} (2^{31})$	43
5 * （1/2）实施 16		10	1	$L_{16} (2^{15})$	27

要使组合设计成为正交设计，还要确定适当的星号臂 γ 值，该值可以查表 7-20。

表 7-20 星号臂 γ 值

m_0的重复次数	因素个数 P			
	2	3	4	5 * （1/2）实施
1	1.000	1.215	1.414	1.547
2	1.078	1.287	1.483	1.607
3	1.147	1.353	1.547	1.664
4	1.210	1.414	1.607	1.719

续表

m_0的重复次数	因素个数 P			
	2	3	4	5＊（1/2）实施
5	1.267	1.471	1.664	1.771
6	1.320	1.525	1.719	1.820
7	1.369	1.575	1.771	1.868
8	1.414	1.623	1.820	1.914
9	1.457	1.668	1.868	1.958
10	1.498	1.711	1.914	2.000

［**例 7-5**］一个 3 因素 5 水平回归正交设计，共 15 个处理，$m_0=1$，$P=3$，查表 7-20，得出 $\gamma=1.215$。研究氮肥、磷肥、钾肥 3 因素配合施用的最佳用量和配比问题，篇幅限制只给出水稻籽粒产量，回归正交设计的码值及产量数据见表 7-21，试做回归正交设计，建立二次回归方程，并对试验结果进行分析。

表 7-21　3 因素 5 水平回归正交设计方案

试验号	x_1	x_2	x_3	x_1x_2	x_1x_3	x_2x_3	x_{11}	x_{22}	x_{33}	y（kg/666.7m²）
1	1	1	1	1	1	1	0.270	0.27	0.270	949.9
2	1	1	−1	1	−1	−1	0.270	0.27	0.270	868.5
3	1	−1	1	−1	1	−1	0.270	0.27	0.270	844.1
4	1	−1	−1	−1	−1	1	0.270	0.27	0.270	805.7
5	−1	1	1	−1	−1	1	0.270	0.27	0.270	781.9
6	−1	1	−1	−1	1	−1	0.270	0.27	0.270	739.1
7	−1	−1	1	1	−1	−1	0.270	0.27	0.270	719.2
8	−1	−1	−1	1	1	1	0.270	0.27	0.270	669.4
9	1.215	0	0	0	0	0	0.746	−0.73	−0.73	889.0
10	−1.215	0	0	0	0	0	0.746	−0.73	−0.73	800.0
11	0	1.215	0	0	0	0	−0.73	0.746	−0.73	841.9
12	0	−1.215	0	0	0	0	−0.73	0.746	−0.73	812.7
13	0	0	1.215	0	0	0	−0.73	−0.73	0.746	916.0
14	0	0	−1.215	0	0	0	−0.73	−0.73	0.746	812.8
15	0	0	0	0	0	0	−0.73	−0.73	−0.73	900.6

注：本题采用 $L_8（2^7）$ 正交表设计，为对回归方程进行拟合度检验，增设 4 个零水平试验。

1. 数据输入

启动 SPSS，点击"变量视图"进入定义变量工作表，分别命名变量"x_1""x_2""x_3""x_1x_2""x_1x_3""x_2x_3""x_{11}""x_{22}""x_{33}""y"，点击"数据视图"，按如图 7-12 所示格式输入数据。x_1、x_2、x_3 分别代表氮肥、磷肥和钾肥的码值。其中 x_{11}、x_{22}、x_{33} 这 3 项都是经中心化变换后的数据，即 $x_{jj}=x_j^2-0.73$。

	x1	x2	x3	x1x2	x1x3	x2x3	x11	x22	x33	y
1	1.000	1.000	1.000	1	1	1	.270	.270	.270	949.9
2	1.000	1.000	-1.000	1	-1	-1	.270	.270	.270	868.5
3	1.000	-1.000	1.000	-1	1	-1	.270	.270	.270	844.1
4	1.000	-1.000	-1.000	-1	-1	1	.270	.270	.270	805.7
5	-1.000	1.000	1.000	-1	-1	1	.270	.270	.270	781.9
6	-1.000	1.000	-1.000	-1	1	-1	.270	.270	.270	739.1
7	-1.000	-1.000	1.000	1	-1	-1	.270	.270	.270	719.2
8	-1.000	-1.000	-1.000	1	1	1	.270	.270	.270	669.4
9	1.215	.000	.000	0	0	0	.746	-.730	-.730	889.0
10	-1.215	.000	.000	0	0	0	.746	-.730	-.730	800.0
11	.000	1.215	.000	0	0	0	-.730	.746	-.730	841.9
12	.000	-1.215	.000	0	0	0	-.730	.746	-.730	812.7
13	.000	.000	1.215	0	0	0	-.730	-.730	.746	916.0
14	.000	.000	-1.215	0	0	0	-.730	-.730	.746	812.8
15	.000	.000	.000	0	0	0	-.730	-.730	-.730	900.6

图 7-12   ［例 7-5］数据输入格式

2. 统计分析

（1）简明分析步骤

【分析】→【回归】→【线性】

因变量（D）框："y"（产量）

自变量（I）框："x_1" "x_2" "x_3" "x_1x_2" "x_1x_3" "x_2x_3" "x_{11}" "x_{22}" "x_{33}"

方法：在下拉列表中选择"输入"

【确定】

（2）分析过程说明　点击【分析】→【回归】→【线性】，得到如图 7-13 所示"线性回归"对话框，将"y"引入因变量（D）框内，将"x_1" "x_2" "x_3" "x_1x_2" "x_1x_3" "x_2x_3" "x_{11}" "x_{22}" "x_{33}"引入自变量（I）框，在方法下拉列表中选择"输入"。

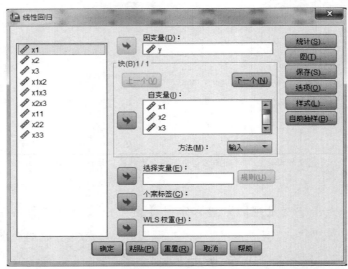

图 7-13   ［例 7-5］线性回归主分析对话框

点击【确定】，得到运算结果如表 7-22～表 7-25 所示。

3. 结果说明

正交回归方程有许多模型，SPSS 的输出结果会给予指出，表 7-22 说明此分析采用输入模型，即求多元回归方程的方法是自变量 x_{33}，$x_2 x_3$，$x_1 x_3$，$x_1 x_2$，x_3，x_1，x_{11}，x_{22}，x_2 同时进入回归方程。

表 7-22　［例 7-5］变量的引入与排除

输入/除去的变量[a]

模型	输入的变量	除去的变量	方法
1	x_{33}，$x_2 x_3$，$x_1 x_3$，$x_1 x_2$，x_3，x_1，x_{11}，x_{22}，x_2[b]		输入

a. 因变量：y。
b. 已输入所请求的所有变量。

表 7-23 是复相关系数（R）的有关指标，表示自变量与因变量关系的密切程度以及抽样误差。

表 7-23　［例 7-5］综合模型分析

模型摘要

模型	R	R 方	调整后 R 方	估计标准误差
1	.971[a]	.943	.840	30.6321

a. 预测变量：（常量），x_{33}，$x_2 x_3$，$x_1 x_3$，$x_1 x_2$，x_3，x_2，x_1，x_{22}，x_{11}。

表 7-24 是对偏回归系数进行的方差分析（F 检验），以说明偏回归系数的抽样误差大小，即检测其是否具有统计学意义。由表可见，Sig.＝0.006＜0.01，表明因变量 y 与自变量间综合线性影响是极显著的。

表 7-24　［例 7-5］偏回归系数的方差分析表

ANOVA[a]

模型		平方和	自由度	均方	F	显著性
1	回归	77443.400	9	8604.822	9.170	.006[b]
	残差	4691.638	5	938.328		
	总计	82135.037	14			

a. 因变量：y。
b. 预测变量：（常量），x_{33}，$x_2 x_3$，$x_1 x_3$，$x_1 x_2$，x_3，x_2，x_1，x_{22}，x_{11}。

表 7-25 是表示多元回归方程的常数项、各自变量的偏回归系数及它们抽样误差的大小，并对各自的抽样误差做假设检验（t 检验）。

表 7-25　回归系数显著性检验

系数[a]

模型		未标准化系数		标准化系数	t	显著性
		B	标准误差	Beta		
1	（常量）	823.400	7.909		104.107	.000
	x_1	60.875	9.256	.703	6.577	.001
	x_2	30.722	9.256	.355	3.319	.021
	x_3	30.841	9.256	.356	3.332	.021
	x_1x_2	4.525	10.830	.045	.418	.693
	x_1x_3	3.400	10.830	.034	.314	.766
	x_2x_3	4.500	10.830	.044	.416	.695
	x_{11}	−33.649	14.669	−.245	−2.294	.070
	x_{22}	−45.302	14.669	−.330	−3.088	.027
	x_{33}	−20.166	14.669	−.147	−1.375	.228

a. 因变量：y。

　　由表 7-23 和表 7-24 可知，回归模型 F 值检验达显著水平（$P=0.006$），决定系数 R 方 $=0.943$。由表 7-25 可知，$P(x_1x_2)=0.693>0.05$，$P(x_1x_3)=0.766>0.05$，$P(x_2x_3)=0.695>0.05$，$P(x_{11})=0.07>0.05$，$P(x_{33})=0.228>0.05$ 均不显著，由于是正交设计，应将它们从方程式中剔除，因此最终得出的方程式应为：

$$y=823.4+60.875x_1+30.722x_2+30.841x_3-45.302x_{22}$$

　　由于 x_{11}、x_{22}、x_{33} 这 3 项都是经中心化变换后的数据，即 $x_{jj}=x_j^2-0.73$，需要转换回来，将 $x_{jj}=x_j^2-0.73$ 代入上述方程的二次项中，整理后得到码值与产量的三元二次回归方程：

　　将 $x_{jj}=x_j^2-0.73$ 代入，$y=823.4+60.875x_1+30.722x_2+30.841x_3-45.302$ $(x_2^2-0.73)$ 得到最终的三元二次回归方程：

$$y=856.47+60.875x_1+30.722x_2+30.841x_3-45.302x_2^2$$

第六节　二次回归旋转设计与分析

　　二次旋转设计使预测值的方差在试验中心点距离相等的点上，预测值的方差是相等的，这就克服了回归正交设计的缺点，即预测值的方差强烈地依赖于试验点在因子空间中的位置。下面介绍三因素二次正交旋转组合回归设计。

　　[例 7-6]山西省农科院采用三因素二次正交旋转组合回归设计试验，对甘薯栽培中氮、磷、钾肥用量进行田间试验，为了探讨在北方碳酸盐土壤上甘薯的需肥规律和最佳施肥量，为甘薯高产高效提供技术支撑。

　　试验采用三因素二次正交旋转组合回归设计试验，共设 23 个小区，各试验因子按编码值制定试验方案，如表 7-26 所示。

表 7-26　各因素设计水平编码

变量名称	单位	变化间距	变量水平（$r=1.682$）				
			-1.682	1	0	1	1.682
氮肥用量 x_1	kg/亩	4.46	0	3.04	7.5	11.96	15
磷肥用量 x_2	kg/亩	3.57	0	2.43	6	9.57	12
钾肥用量 x_3	kg/亩	11.3	0	7.7	19	30.3	38

注：氮肥用量为纯 N 量，磷肥用量为 P_2O_5 量，钾肥用量为 K_2O 量。

　　该方案设计共 23 个处理，二次回归正交旋转设计，查得 $r=1.682$，该旋转设计是几乎正交的，假如对平方项实施中心化变换，就可得到二次正交旋转设计方案。具体三因素二水平正交试验方案的编码值如图 7-14 所示。x_1、x_2、x_3 代表氮、磷、钾肥，y 代表产量，$x_i x_j$ 代表交互项，x_{jj} 代表平方项，它们都是由 x_1、x_2、x_3 计算得到的，其中 x_{11}、x_{22}、x_{33} 三项都是经中心化变换后的数据，即 $x_{jj}=x_j{}^2-0.594$。

1. 数据输入

　　按图 7-14 所示格式输入数据。

	x1	x2	x3	x1x2	x1x3	x2x3	x11	x22	x33	y
1	1.000	1.000	1.000	1.00	1.00	1.00	.406	.406	.406	3116
2	1.000	1.000	-1.000	1.00	-1.00	-1.00	.406	.406	.406	2430
3	1.000	-1.000	1.000	-1.00	1.00	-1.00	.406	.406	.406	2543
4	1.000	-1.000	-1.000	-1.00	-1.00	1.00	.406	.406	.406	2660
5	-1.000	1.000	1.000	-1.00	-1.00	1.00	.406	.406	.406	2664
6	-1.000	1.000	-1.000	-1.00	1.00	-1.00	.406	.406	.406	2520
7	-1.000	-1.000	1.000	1.00	-1.00	-1.00	.406	.406	.406	2665
8	-1.000	-1.000	-1.000	1.00	1.00	1.00	.406	.406	.406	2568
9	1.682	.000	.000	.00	.00	.00	2.235	-.594	-.594	2797
10	-1.682	.000	.000	.00	.00	.00	2.235	-.594	-.549	2612
11	.000	1.682	.000	.00	.00	.00	-.594	2.235	-.594	2812
12	.000	-1.682	.000	.00	.00	.00	-.594	2.235	-.594	2689
13	.000	.000	1.682	.00	.00	.00	-.594	-.594	2.235	2846
14	.000	.000	-1.682	.00	.00	.00	-.549	-.549	2.235	2565
15	.000	.000	.000	.00	.00	.00	-.594	-.594	-.594	2959
16	.000	.000	.000	.00	.00	.00	-.594	-.594	-.594	2779
17	.000	.000	.000	.00	.00	.00	-.594	-.594	-.594	2880
18	.000	.000	.000	.00	.00	.00	-.594	-.594	-.594	2779
19	.000	.000	.000	.00	.00	.00	-.594	-.594	-.594	3030
20	.000	.000	.000	.00	.00	.00	-.594	-.594	-.594	3001
21	.000	.000	.000	.00	.00	.00	-.594	-.594	-.594	3028
22	.000	.000	.000	.00	.00	.00	-.594	-.594	-.594	2790
23	.000	.000	.000	.00	.00	.00	-.594	-.594	-.594	2885

图 7-14　［例 7-6］数据编码值及数据输入格式

2. 统计分析

简明分析步骤如下。

【分析】→【回归】→【线性】

因变量（D）框：将产量"y"引入因变量框

自变量（I）框：将"x_1""x_2""x_3""$x_1 x_2$""$x_1 x_3$""$x_2 x_3$""x_{11}""x_{22}""x_{33}"

引入自变量框

方法：在下拉列表中选择"输入"

【确定】

运算结果如表 7-27、表 7-28 所示。

3. 结果分析

从表 7-27 可以看出，$P=0.006<0.01$，说明甘薯产量和氮肥 x_1、磷钾 x_2 和钾肥 x_3 之间存在极显著的综合线性关系。

表 7-27 偏回归系数的方差分析

ANOVA[a]

模型		平方和	自由度	均方	F	显著性
1	回归	579401.130	9	64377.903	4.763	.006[b]
	残差	175692.870	13	13514.836		
	总计	755094.000	22			

a. 因变量：y。

b. 预测变量：（常量），x_{33}，$x_2 x_3$，$x_1 x_3$，$x_1 x_2$，x_3，x_2，x_1，x_{22}，x_{11}。

从表 7-28 回归系数 t 检验结果看出，x_1、x_2、$x_1 x_2$、$x_1 x_3$ 项不显著，常数项不必看显著性，可以直接从模型中剔除不显著项，而不必逐个进行 F 检验，得到的回归方程式：

$$y=2766.42+0.011x_3+0.023x_2 x_3+0.014x_{11}+0.038x_{22}+0.015x_{33}$$

表 7-28 各变量偏回归系数及其检验

系数[a]

模型		未标准化系数 B	标准误差	标准化系数 Beta	t	显著性
1	（常量）	2766.415	24.241		114.123	.000
	x_1	46.635	31.457	.198	1.483	.162
	x_2	36.673	31.456	.156	1.166	.265
	x_3	93.076	31.457	.396	2.959	.011
	$x_1 x_2$	49.000	41.102	.159	1.192	.255
	$x_1 x_3$	41.000	41.102	.133	.998	.337
	$x_2 x_3$	106.250	41.102	.346	2.585	.023
	x_{11}	−83.022	29.208	−.380	−2.842	.014
	x_{22}	−67.416	29.208	−.309	−2.308	.038
	x_{33}	−82.215	29.207	−.377	−2.815	.015

a. 因变量：y。

将 $x_{jj}=x_j^2-0.594$ 代入上述方程，整理后，得到回归方程：

$$y=2766.42+0.011x_3+0.023x_2 x_3+0.014(x_1^2-0.594)+0.038(x_2^2-0.594)+0.015(x_3^2-0.594)=2766.38+0.011x_3+0.023x_2 x_3+0.014x_1^2+0.038x_2^2+0.015x_3^2$$

可以利用该方程，求出 y 极大值时各要素氮肥、磷肥和钾肥的单独施用的最适量和甘薯的最高亩产量，可为甘薯高产栽培提供技术方案支撑。

第七节 二次回归通用旋转设计与分析

二次回归通用旋转设计因其能使回归预测值 y 在以试验区域的中心为球心，半径为 d 的球内为一个常数，即设计的一致精度和需要试验次数较少等优点广泛应用于生产试验和科学研究试验中。

二次回归通用旋转设计与二次回归正交设计一样都是组合设计。设计次数 n 由 3 部分组成，分别是 m_c 析因试验次数，m_r 星号臂上试验次数，m_0 是在试验区域的中心点进行的试验次数。

[例 7-7] 水稻氮肥、磷肥、钾肥进行 3 因素 5 水平二次回归通用旋转组合设计建立数学模型。

该方案设计共 20 个处理，进行 3 因素 5 水平二次回归通用旋转组合设计，查得 $\gamma = 1.682$，具体 3 因素 5 水平正交试验方案的编码值如图 7-15 所示。x_1、x_2、x_3 代表氮、磷、钾肥，y 代表产量，$x_i x_j$ 代表交互项，x_{jj} 代表平方项，它们都是由 x_1、x_2、x_3 计算得到的。注意该设计不需要进行中心化变换。

1. 数据输入

按图 7-15 所示格式输入数据。

	x1	x2	x3	x1x2	x1x3	x2x3	x11	x22	x33	y
1	1.000	1.000	1.000	1.00	1.00	1.00	1.000	1.000	1.000	500.0
2	1.000	1.000	-1.000	1.00	-1.00	-1.00	1.000	1.000	1.000	560.0
3	1.000	-1.000	1.000	-1.00	1.00	-1.00	1.000	1.000	1.000	600.0
4	1.000	-1.000	-1.000	-1.00	-1.00	1.00	1.000	1.000	1.000	640.0
5	-1.000	1.000	1.000	-1.00	-1.00	1.00	1.000	1.000	1.000	600.0
6	-1.000	1.000	-1.000	-1.00	1.00	-1.00	1.000	1.000	1.000	660.0
7	-1.000	-1.000	1.000	1.00	-1.00	-1.00	1.000	1.000	1.000	680.0
8	-1.000	-1.000	-1.000	1.00	1.00	1.00	1.000	1.000	1.000	740.0
9	1.682	.000	.000	.00	.00	.00	2.829	.000	.000	480.0
10	-1.682	.000	.000	.00	.00	.00	2.829	.000	.000	620.0
11	.000	1.682	.000	.00	.00	.00	.000	2.829	.000	640.0
12	.000	-1.682	.000	.00	.00	.00	.000	2.829	.000	880.0
13	.000	.000	1.682	.00	.00	.00	.000	.000	2.829	600.0
14	.000	.000	-1.682	.00	.00	.00	.000	.000	2.829	680.0
15	.000	.000	.000	.00	.00	.00	.000	.000	.000	560.0
16	.000	.000	.000	.00	.00	.00	.000	.000	.000	640.0
17	.000	.000	.000	.00	.00	.00	.000	.000	.000	700.0
18	.000	.000	.000	.00	.00	.00	.000	.000	.000	660.0
19	.000	.000	.000	.00	.00	.00	.000	.000	.000	520.0
20	.000	.000	.000	.00	.00	.00	.000	.000	.000	680.0

图 7-15 [例 7-7] 数据编码值及数据输入格式

2. 统计分析

简明分析步骤如下。

【分析】→【回归】→【线性】

因变量（D）框：将产量"y"引入因变量框

自变量（I）框：将"x_1""x_2""x_3""x_1x_2""x_1x_3""x_2x_3""x_{11}""x_{22}""x_{33}"引入自变量框

方法：在下拉列表中选择"后退"

如图 7-16 所示。

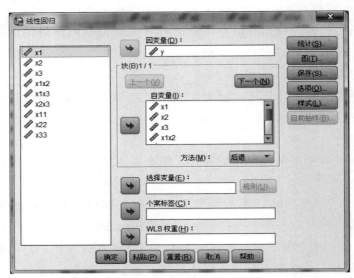

图 7-16　二次回归通用旋转设计主对话框

【确定】

得到运算结果如表 7-29～表 7-32 所示。

3. 结果分析

从表 7-29 和表 7-30 可以看出，5 个回归模型 F 值均达到极显著水平，R 方在 0.79 左右，经回归系数显著性检验，显著性的回归系数见表 7-31，不显著的回归系数见表 7-32，这些不显著的系数已被逐一剔除，得到表 7-32。

表 7-29　模型分析

模型摘要

模型	R	R 方	调整后 R 方	估计标准误差
1	.893[a]	.798	.616	55.6517
2	.893[b]	.798	.650	53.0856
3	.893[c]	.797	.679	50.8665
4	.893[d]	.797	.703	48.9103
5	.893[e]	.797	.724	47.1690

a. 预测变量：（常量），x_{33}，x_2x_3，x_1x_3，x_1x_2，x_3，x_2，x_1，x_{22}，x_{11}。
b. 预测变量：（常量），x_2x_3，x_1x_3，x_1x_2，x_3，x_2，x_1，x_{22}，x_{11}。
c. 预测变量：（常量），x_2x_3，x_1x_3，x_3，x_2，x_1，x_{22}，x_{11}。
d. 预测变量：（常量），x_2x_3，x_3，x_2，x_1，x_{22}，x_{11}。
e. 预测变量：（常量），x_3，x_2，x_1，x_{22}，x_{11}。

表 7-30 回归方程方差分析表

ANOVA[a]

模型		平方和	自由度	均方	F	显著性
1	回归	122148.839	9	13572.093	4.382	.015[b]
	残差	30971.161	10	3097.116		
	总计	153120.000	19			
2	回归	122121.159	8	15265.145	5.417	.006[c]
	残差	30998.841	11	2818.076		
	总计	153120.000	19			
3	回归	122071.159	7	17438.737	6.740	.002[d]
	残差	31048.841	12	2587.403		
	总计	153120.000	19			
4	回归	122021.159	6	20336.860	8.501	.001[e]
	残差	31098.841	13	2392.219		
	总计	153120.000	19			
5	回归	121971.159	5	24394.232	10.964	.000[f]
	残差	31148.841	14	2224.917		
	总计	153120.000	19			

a. 因变量：y。
b. 预测变量：（常量），x_{33}，x_2x_3，x_1x_3，x_1x_2，x_3，x_2，x_1，x_{22}，x_{11}。
c. 预测变量：（常量），x_2x_3，x_1x_3，x_1x_2，x_3，x_2，x_1，x_{22}，x_{11}。
d. 预测变量：（常量），x_2x_3，x_1x_3，x_3，x_2，x_1，x_{22}，x_{11}。
e. 预测变量：（常量），x_2x_3，x_3，x_2，x_1，x_{22}，x_{11}。
f. 预测变量：（常量），x_3，x_2，x_1，x_{22}，x_{11}。

表 7-31 回归系数显著性检验

系数[a]

模型		未标准化系数		标准化系数	t	显著性
		B	标准误差	Beta		
1	（常量）	627.597	22.698		27.650	.000
	x_1	−45.063	15.058	−.426	−2.993	.014
	x_2	−54.449	15.058	−.514	−3.616	.005
	x_3	−25.959	15.058	−.245	−1.724	.115
	x_1x_2	−2.500	19.676	−.018	−.127	.901
	x_1x_3	2.500	19.676	.018	.127	.901
	x_2x_3	−2.500	19.676	−.018	−.127	.901
	x_{11}	−33.199	14.658	−.325	−2.265	.047
	x_{22}	41.032	14.658	.402	2.799	.019
	x_{33}	−1.386	14.658	−.014	−.095	.927

续表

模型		未标准化系数		标准化系数	t	显著性
		B	标准误差	Beta		
2	（常量）	626.463	18.378		34.087	.000
	x_1	−45.063	14.364	−.426	−3.137	.009
	x_2	−54.449	14.364	−.514	−3.791	.003
	x_3	−25.959	14.364	−.245	−1.807	.098
	x_1x_2	−2.500	18.769	−.018	−.133	.896
	x_1x_3	2.500	18.769	.018	.133	.896
	x_2x_3	−2.500	18.769	−.018	−.133	.896
	x_{11}	−33.061	13.912	−.324	−2.376	.037
	x_{22}	41.170	13.912	.403	2.959	.013
3	（常量）	626.463	17.610		35.574	.000
	x_1	−45.063	13.764	−.426	−3.274	.007
	x_2	−54.449	13.764	−.514	−3.956	.002
	x_3	−25.959	13.764	−.245	−1.886	.084
	x_1x_3	2.500	17.984	.018	.139	.892
	x_2x_3	−2.500	17.984	−.018	−.139	.892
	x_{11}	−33.061	13.331	−.324	−2.480	.029
	x_{22}	41.170	13.331	.403	3.088	.009
4	（常量）	626.463	16.933		36.997	.000
	x_1	−45.063	13.234	−.426	−3.405	.005
	x_2	−54.449	13.234	−.514	−4.114	.001
	x_3	−25.959	13.234	−.245	−1.962	.072
	x_2x_3	−2.500	17.292	−.018	−.145	.887
	x_{11}	−33.061	12.818	−.324	−2.579	.023
	x_{22}	41.170	12.818	.403	3.212	.007
5	（常量）	626.463	16.330		38.363	.000
	x_1	−45.063	12.763	−.426	−3.531	.003
	x_2	−54.449	12.763	−.514	−4.266	.001
	x_3	−25.959	12.763	−.245	−2.034	.061
	x_{11}	−33.061	12.362	−.324	−2.674	.018
	x_{22}	41.170	12.362	.403	3.330	.005

a. 因变量：y。

表 7-32　排除的变量

排除的变量[a]

模型		输入 Beta	t	显著性	偏相关	共线性统计容差
2	x_{33}	$-.014$[b]	$-.095$	.927	$-.030$	.982
3	x_{33}	$-.014$[c]	$-.099$	.923	$-.030$	.982
	$x_1 x_2$	$-.018$[c]	$-.133$	.896	$-.040$	1.000
4	x_{33}	$-.014$[d]	$-.103$	.919	$-.030$	.982
	$x_1 x_2$	$-.018$[d]	$-.139$	.892	$-.040$	1.000
	$x_1 x_3$	$.018$[d]	$.139$	.892	$.040$	1.000
5	x_{33}	$-.014$[e]	$-.108$	.916	$-.030$	.982
	$x_1 x_2$	$-.018$[e]	$-.145$	.887	$-.040$	1.000
	$x_1 x_3$	$.018$[e]	$.145$	.887	$.040$	1.000
	$x_2 x_3$	$-.018$[e]	$-.145$	.887	$-.040$	1.000

a. 因变量：y。
b. 模型中的预测变量：（常量），$x_2 x_3$，$x_1 x_3$，$x_1 x_2$，x_3，x_2，x_1，x_{22}，x_{11}。
c. 模型中的预测变量：（常量），$x_2 x_3$，$x_1 x_3$，x_3，x_2，x_1，x_{22}，x_{11}。
d. 模型中的预测变量：（常量），$x_2 x_3$，x_3，x_2，x_1，x_{22}，x_{11}。
e. 模型中的预测变量：（常量），x_3，x_2，x_1，x_{22}，x_{11}。

从表 7-31 和表 7-32 回归系数 t 检验结果看出，x_{33}、$x_1 x_2$、$x_1 x_3$、$x_2 x_3$ 项不显著，都逐一被排除，常数项不必看显著性，得到的回归方程式：

$$y = 626.463 - 45.063 x_1 - 54.449 x_2 - 25.959 x_3 - 33.061 x_{11} + 41.170 x_{22}$$

可以利用该方程，求出 y 极大值时各要素氮肥、磷肥和钾肥的单独施用的最适量和水稻的最高亩产量，可为水稻高产栽培提供技术方案支撑。

第八节　"3414"设计的回归分析

"3414"设计是我国测土配方施肥广泛采用的肥效田间试验方案。"3414"是指氮、磷、钾 3 个因素、4 个水平，共 14 个处理。4 个水平的含义：0 水平指不施肥，2 水平指当地推荐施肥量，1 水平＝2 水平×0.5，3 水平＝2 水平×1.5（该水平为过量施肥水平）。该方案吸收了回归最优设计处理少、效率高的优点，为 14 个处理优化的不完全实施的正交试验。

[例 7-8] 某水稻试验站设计 3414 试验方案如表 7-33 所示，其中 x_1、x_2、x_3 分别代表肥料尿素、过磷酸钙、氯化钾的码值，试进行回归分析。

表 7-33　"3414"设计施肥量与水稻产量　　　　　　　　单位：kg/亩

处理号	码值			施肥量			产量
	x_1	x_2	x_3	尿素	过磷酸钙	氯化钾	
1	0	0	0	0	0	0	365.6
2	0	2	2	0	1.7	0.6	543.9
3	1	2	2	1.1	1.7	0.6	581.1
4	2	0	2	2.2	0	0.6	522.8
5	2	1	2	2.2	0.85	0.6	555.0
6	2	2	2	2.2	1.7	0.6	540.0
7	2	3	2	2.2	2.55	0.6	496.1
8	2	2	0	2.2	1.7	0	528.9
9	2	2	1	2.2	1.7	0.3	558.3
10	2	2	2	2.2	1.7	0.9	542.2
11	3	2	2	3.3	1.7	0.6	533.3
12	1	1	2	1.1	0.85	0.6	525.6
13	1	2	1	1.1	1.7	0.3	562.8
14	2	1	1	2.2	0.85	0.3	495.0

1. 数据输入

启动 SPSS，点击"变量视图"，进入定义变量工作表，分别命名变量"N""P""K""NP""NK""PK""N^2""P^2""K^2""y"小数位数定义为"2"，进入"数据视图"工作表，按如图 7-17 所示格式输入数据。

	N	P	K	NP	NK	PK	N2	P2	K2	y
1	.00	.00	.00	.00	.00	.00	.00	.00	.00	365.60
2	.00	1.70	.60	.00	.00	1.02	.00	2.89	.36	543.90
3	1.10	1.70	.60	1.87	.66	1.02	1.21	2.89	.36	581.10
4	2.20	.00	.60	.00	1.32	.00	4.84	.00	.36	522.80
5	2.20	.85	.60	1.87	1.32	.51	4.84	.72	.36	555.00
6	2.20	1.70	.60	3.74	1.32	1.02	4.84	2.89	.36	540.00
7	2.20	2.55	.60	5.61	1.32	1.53	4.84	6.50	.36	496.10
8	2.20	1.70	.00	3.74	.00	.00	4.84	2.89	.00	528.90
9	2.20	1.70	.30	3.74	.66	.51	4.84	2.89	.09	558.30
10	2.20	1.70	.90	3.74	1.98	1.53	4.84	2.89	.81	542.20
11	3.30	1.70	.60	5.61	1.98	1.02	10.89	2.89	.36	533.30
12	1.10	.85	.60	.94	.66	.51	1.21	.72	.36	525.60
13	1.10	1.70	.30	1.87	.33	.51	1.21	2.89	.09	562.80
14	2.20	.85	.30	1.87	.26	.51	4.84	.72	.09	495.00

图 7-17　[例 7-8]数据输入格式

2. 统计分析

（1）简明分析步骤

【分析】→【回归】→【线性】

因变量（D）框：因变量为产量"y"

自变量（I）框：自变量为"N""P""K""NP""NK""PK""N^2""P^2""K^2"

方法：在下拉列表中选择"后退"

【确定】

（2）分析过程说明　点击【分析】→【回归】→【线性】，得到如图 7-18 所示

"线性回归"对话框，将"y"引入因变量对话框，将"N""P""K""NP""NK""PK""N^2""P^2""K^2"引入自变量对话框，在"方法"下拉列表中选择"后退"。

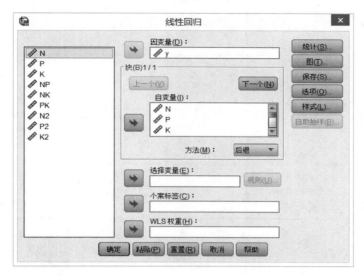

图 7-18　〔例 7-8〕线性回归主对话框

点击【确定】，得到运算结果，如表 7-34～表 7-36 所示。

3. 结果说明

表 7-34　综合模型分析

模型摘要

模型	R	R 方	调整后 R 方	估计标准误差
1	.976[a]	.953	.847	20.17460
2	.976[b]	.953	.878	18.05318
3	.975[c]	.951	.893	16.91137
4	.973[d]	.946	.899	16.38830
5	.966[e]	.932	.890	17.13056

a. 预测变量：（常量），K^2，NP，P^2，N，P，N^2，K，PK，NK。
b. 预测变量：（常量），K^2，NP，P^2，P，N^2，K，PK，NK。
c. 预测变量：（常量），NP，P^2，P，N^2，K，PK，NK。
d. 预测变量：（常量），NP，P^2，P，K，PK，NK。
e. 预测变量：（常量），NP，P^2，P，PK，NK。

表 7-35　方差分析表

ANOVA[a]

模型		平方和	自由度	均方	F	显著性
1	回归	33067.777	9	3674.197	9.027	.024[b]
	残差	1628.058	4	407.014		
	总计	34695.834	13			

续表

模型		平方和	自由度	均方	F	显著性
2	回归	33066.248	8	4133.281	12.682	.006c
	残差	1629.586	5	325.917		
	总计	34695.834	13			
3	回归	32979.869	7	4711.410	16.474	.002d
	残差	1715.966	6	285.994		
	总计	34695.834	13			
4	回归	32815.800	6	5469.300	20.364	.000e
	残差	1880.034	7	268.576		
	总计	34695.834	13			
5	回归	32348.187	5	6469.637	22.046	.000f
	残差	2347.648	8	293.456		
	总计	34695.834	13			

a. 因变量：y。
b. 预测变量：（常量），K^2，NP，P^2，N，P，N^2，K，PK，NK。
c. 预测变量：（常量），K^2，NP，P^2，P，N^2，K，PK，NK。
d. 预测变量：（常量），NP，P^2，P，N^2，K，PK，NK。
e. 预测变量：（常量），NP，P^2，P，K，PK，NK。
f. 预测变量：（常量），NP，P^2，P，PK，NK。

表 7-36 回归系数及其显著性检验

系数a

模型		未标准化系数		标准化系数	t	显著性
		B	标准误差	Beta		
1	（常量）	362.717	20.078		18.065	.000
	N	−2.260	36.876	−.041	−.061	.954
	P	207.316	47.722	2.905	4.344	.012
	K	148.760	135.212	.736	1.100	.333
	NP	−22.330	19.629	−.833	−1.138	.319
	NK	80.698	55.615	1.062	1.451	.220
	PK	−160.060	71.973	−1.628	−2.224	.090
	N^2	−4.050	6.692	−.226	−.605	.578
	P^2	−26.833	11.207	−.894	−2.394	.075
	K^2	−41.769	89.969	−.173	−.464	.667
2	（常量）	362.493	17.667		20.518	.000
	P	206.131	39.036	2.888	5.281	.003
	K	145.400	110.601	.719	1.315	.246
	NP	−22.844	15.881	−.852	−1.438	.210
	NK	79.242	44.996	1.043	1.761	.139
	PK	−156.354	34.931	−1.591	−4.476	.007
	N^2	−4.245	5.265	−.237	−.806	.457
	P^2	−26.773	9.991	−.892	−2.680	.044
	K^2	−41.290	80.204	−.171	−.515	.629

续表

模型		未标准化系数		标准化系数	t	显著性
		B	标准误差	Beta		
3	（常量）	363.064	16.517		21.981	.000
	P	208.826	36.236	2.926	5.763	.001
	K	117.817	90.637	.583	1.300	.241
	NP	−24.189	14.674	−.902	−1.648	.150
	NK	78.632	42.136	1.035	1.866	.111
	PK	−160.808	31.702	−1.636	−5.073	.002
	N^2	−3.642	4.808	−.203	−.757	.477
	P^2	−26.017	9.257	−.866	−2.810	.031
4	（常量）	362.276	15.975		22.678	.000
	P	204.222	34.618	2.862	5.899	.001
	K	115.849	87.798	.573	1.320	.229
	NP	−27.610	13.530	−1.030	−2.041	.081
	NK	67.934	38.470	.894	1.766	.121
	PK	−147.952	25.946	−1.505	−5.702	.001
	P^2	−24.637	8.795	−.820	−2.801	.026
5	（常量）	368.461	15.963		23.082	.000
	P	237.439	24.839	3.327	9.559	.000
	NP	−43.264	6.800	−1.614	−6.363	.000
	NK	114.020	16.857	1.501	6.764	.000
	PK	−134.476	24.932	−1.368	−5.394	.001
	P^2	−27.514	8.907	−.916	−3.089	.015

a. 因变量：y。

由表7-36可知，模型1是全因子模型，模型2排除了不显著因子N，模型3排除了N和K^2，模型4排除了N、K^2、N^2，模型5排除了N、K、K^2、N^2。由表7-34可知，5个模型的R方分别为0.953，0.953，0.951，0.946，0.932。由表7-35可知，模型1的F值为9.027，Sig值＝0.024＜0.05，模型2的F值为12.682，Sig值＝0.006＜0.01，模型3的F值为16.474，Sig值＝0.002＜0.01，模型4的F值为20.364，Sig值＝0.000＜0.01，模型5的F值为22.046，Sig值＝0.000＜0.01，都达到显著水平。由表7-36可知，模型5的所有回归系数均达极显著，因此，回归方程用模型5表示为：

$$y=237.439P−43.264NP+114.020NK−134.476PK−27.514P^2+368.461$$

第八章

协方差分析

　　在试验过程中，为了提高试验结果的精确性和准确性，我们对处理以外的条件都采取一定的措施加以控制，使处理以外的试验条件尽可能保持一致，这种做法叫做试验控制，如做水稻的肥料试验时，我们要保证每个处理的土壤肥力条件、移栽苗大小、浇水量和光照等条件一致。但在有些情况下，试验控制不一定能真正到位，如做田间试验时，理论上要求移栽的幼苗大小一致，但实际上我们很难做到移栽幼苗的生物量完全相同。但由于这些幼苗的生物量是可测的，且又和产量之间存在着直线回归关系，这时可利用幼苗的初始重（记为 x）与其产量（记为 y）的回归关系，将产量都矫正为初始重相同时的产量，于是幼苗初始重不同对产量的影响就消除了，使得各处理间的比较能在相同基础上进行，这一做法在统计上称为统计控制，这里的 x 称为协变量（又称混杂因素），y 称为因变量。

　　协方差分析就是将线性回归分析与方差分析结合起来以消除混杂因素对分析指标影响的一种分析方法，它的基本思想是在做两组或多组均数的比较之前，用直线回归方法找出各组 y 与协变量 x 之间的数量关系，求得在假定 x 相等时 y 的修正均数，然后用方差分析比较修正均数间有无显著性差异。这里的修正均数指假定协变量取值固定在其总均数时的观测变量的均数。

　　协方差分析的应用条件为：①与方差分析应用条件相同，要求观测变量具独立性、方差齐性、正态性；②各总体客观存在线性回归关系且其斜率相同；③要求协变量为连续变量，而且与处理无交互作用；④协变量均数间差别不大。

第一节　完全随机设计的协方差分析

　　[例 8-1] 为了研究 A、B、C、D 四种肥料对于柑橘的增产效果，选了 24 株同龄柑橘树，第一年记下各树的产量（x，kg），第二年每种肥料随机施于 6 株柑橘树上，再记下其产量（y，kg），所得结果见表 8-1。

表 8-1　施用四种肥料的柑橘产量　　　　　　　　　　单位：kg/株

肥料品种	变量	观察值					
A	x	12.1	10.1	10.6	11.1	11.7	12.0
	y	431.97	329.7	343.5	380	400	431.7
B	x	11.2	10.5	9.5	11.5	10.7	11.9
	y	376.57	349.7	300	386	350	412.88
C	x	11.8	10.8	10.2	10.6	11.8	12.0
	y	402.13	365.4	316.7	364	395.8	413.77
D	x	11.9	11.6	10.3	11.5	12.1	11.9
	y	393.73	359.0	306.6	341.3	395.8	395.76

1. 数据输入

启动 SPSS，点击"变量视图"进入定义变量工作表，命名变量"肥料"，小数位数定义为"0"；变量"x"，小数位数为"1"；变量"y"，小数位数为"2"，如图 8-1 所示。

	名称	类型	宽度	小数位数	标签	值	缺失	列	对齐	测量	角色
1	肥料	数字	8	0		无	无	8	疆右	名义	输入
2	x	数字	8	1		无	无	8	疆右	标度	输入
3	y	数字	8	2		无	无	8	疆右	标度	输入
4											

图 8-1　［例 8-1］变量视图编辑窗口

建立数据文件，如图 8-2 所示。第一年柑橘树产量（x）为协变量，第二年柑橘树产量（y）为因变量。用数字 1、2、3、4 分别代表 A、B、C、D 四种肥料，按图 8-2 所示格式输入数据。

	肥料	x	y
1	1	12.1	431.97
2	1	10.1	329.70
3	1	10.6	343.50
4	1	11.1	380.00
5	1	11.7	400.00
6	1	12.0	431.70
7	2	11.2	376.57
8	2	10.5	349.70
9	2	9.5	300.00
10	2	11.5	386.00
11	2	10.7	350.00
12	2	11.9	412.88
13	3	11.8	402.13
14	3	10.8	365.40
15	3	10.2	316.70
16	3	10.6	364.00
17	3	11.8	395.80
18	3	12.0	413.77
19	4	11.9	393.73
20	4	11.6	359.00
21	4	10.3	306.60
22	4	11.5	341.30
23	4	12.1	395.80
24	4	11.9	395.76

图 8-2　［例 8-1］数据视图

2. 统计分析

（1）简明分析步骤　分为两步，第一步先判断资料是否符合协方差分析的要求。

【图形】→【旧对话框】→【散点图/点图】→【简单散点图】

【定义】→Y 轴："y" \ X 轴："x" \ 标记设置依据："肥料"

【确定】

第二步进行正式协方差分析。

【分析】→【一般线性模型】→【单变量】

因变量："y" \ 固定因子："肥料" \ 协变量："x"

【模型】→"构建项"→"交互"

模型："肥料""x""肥料$\times x$"

平方和："Ⅰ类"

【继续】

【选项】→"描述统计""齐性检验"→【继续】

【EM平均值】→显示下列各项的平均值："肥料"\勾选"比较主效应"→【继续】

【确定】

（2）分析过程说明　第一步先判断资料是否符合协方差分析的要求。

点击主菜单【图形】，在下拉菜单中点击【旧对话框】，在小菜单中点击【散点图/点图】，进入"散点图/点图"对话框。选择【简单散点图】，点击【定义】，进入"简单散点图"对话框。将"y"移入Y轴框，"x"移入X轴框，"肥料"移入标记设置依据框。如图8-3所示。

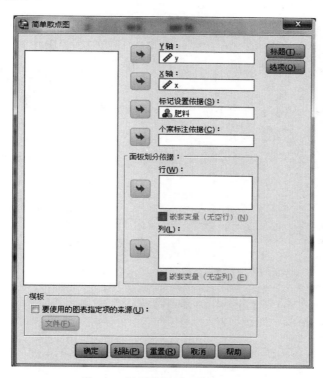

图8-3　判断数据是否符合要求

点击【确定】后，输出散点图，双击图形空白处，出现图形编辑器，在【元素】下拉菜单中添加子组拟合线（趋势线），得到图8-8。

第二步进行正式协方差分析。

单击主菜单【分析】，在下拉菜单中点击【一般线性模型】，在弹出的小菜单中单击【单变量】，进入"单变量"对话框，将"y"放入因变量框，将"肥料"放入固定因子框，将"x"放入协变量框，如图8-4所示。

图 8-4　协方差分析主对话框

点击【模型】按钮，弹出"单变量：模型"对话框，选择"构建项"，在"类型"下拉菜单中选择"交互"，然后分别选择因子"肥料"和"x"，点击箭头按钮进入模型框，生成品种模型和 x 模型，再同时选择"肥料"和"x"，点击箭头按钮移入模型框，生成"$x \times$肥料"模型。在"平方和"下拉菜单中选择"Ⅰ类"，点击【继续】返回主对话框，如图 8-5 所示。

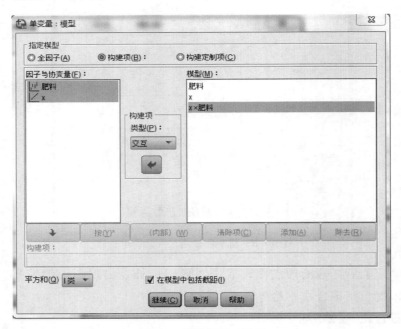

图 8-5　模型设置对话框

点击【选项】，进入"单变量：选项"对话框，勾选显示框中的"描述统计""齐性检验"，点击【继续】回到主对话框，如图 8-6 所示。

点击【EM 平均值】，将"肥料"放入显示下列各项的平均值框，选择"比较主效应"，进行校正均数的多重比较，此处采用 LSD 法。点击【继续】。如图 8-7 所示。

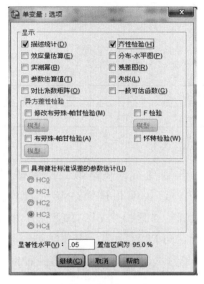

图 8-6　选项对话框

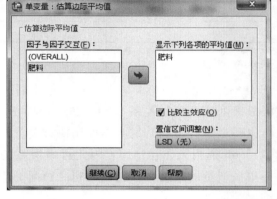

图 8-7　估算均值

点击【确定】，输出分析结果。如图 8-8、表 8-2～表 8-6 所示。

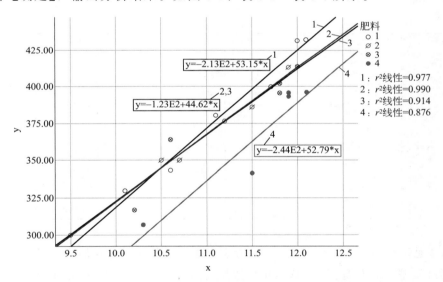

图 8-8　不同肥料间 x、y 趋势线

3. 结果说明

第一步判断资料是否符合协方差分析的要求，从图 8-8 可以看出：

a. 四个肥料处理间散点分布情况基本相同，拟合线没有明显偏差。

b. 四组中的"x"与"y"都有明显的直线相关性。

c. 四组的拟合直线斜率相近。

由此，初步判断资料符合协方差分析的要求，可以继续做下一步协方差分析。

从表 8-2 方差齐性检验的 F 值为 2.428，Sig 值＝0.095＞0.05，可以认为肥料分组变量的方差是齐的。

表 8-2　方差齐性检验

误差方差的莱文等同性检验[a]

因变量：y

F	自由度 1	自由度 2	显著性
2.428	3	20	.095

检验"各个组中的因变量误差方差相等"这一原假设。

a. 设计：截距＋肥料＋x＋肥料×x。

从表 8-3 看出，F 检验表明，第一年柑橘产量 x 与因变量 y（即第二年柑橘产量）存在极显著的线性回归关系（$F=268.897$，$P<0.01$），说明柑橘第一年产量确实对第二年柑橘产量有影响，说明需要用协方差分析来校正。"肥料×x"的交互作用 $P=0.626>0.05$ 说明无交互作用，因此可做协方差分析，可以消除第一年柑橘产量 x 对第二年柑橘产量的影响。修正后肥料品种间的 $P=0.004<0.05$，说明肥料品种间需要做多重比较。

表 8-3　方差分析检验结果

主体间效应检验

因变量：y

源	Ⅰ类平方和	自由度	均方	F	显著性
修正模型	30361.508[a]	7	4337.358	41.552	.000
截距	3331647.618	1	3331647.618	31917.031	.000
肥料	2106.041	3	702.014	6.725	.004
x	28068.675	1	28068.675	268.897	.000
肥料×x	186.793	3	62.264	.596	.626
误差	1670.154	16	104.385		
总计	3363679.281	24			
修正后总计	32031.662	23			

a. R 方＝.948（调整后 R 方＝.925）。

表 8-4 是该资料的一般性描述指标，分别为 4 个肥料品种修正后的柑橘亩产量 y 的平均值和标准误差，下方提示表明该修正均数是按第一年产量 11.225kg 的情况计算的。

表 8-4　肥料平均数修正值

估算值

因变量：y

肥料	平均值	标准误差	95%置信区间	
			下限	上限
1	383.931[a]	4.178	375.074	392.787

续表

肥料	平均值	标准误差	95%置信区间	
			下限	上限
2	378.037[a]	4.558	368.375	387.699
3	377.416[a]	4.174	368.568	386.264
4	348.209[a]	4.755	338.129	358.289

a. 按下列值对模型中出现的协变量进行求值: $x = 11.225$。

表 8-5 是各肥料处理组修正后第二年柑橘产量用 LSD 法进行多重比较的结果,结果表明:组 4 与组 1、组 2、组 3 相比,其修正亩产量存在着极显著差异,其余组之间均无显著差异。

表 8-5 不同处理多重比较结果

成对比较

因变量: y

(I) 肥料	(J) 肥料	平均值差值 (I-J)	标准误差	显著性[b]	差值的 95% 置信区间[b]	
					下限	上限
1	2	5.893	6.183	.355	−7.214	19.000
	3	6.515	5.905	.286	−6.004	19.034
	4	35.722*	6.330	.000	22.304	49.140
2	1	−5.893	6.183	.355	−19.000	7.214
	3	.622	6.180	.921	−12.480	13.723
	4	29.828*	6.587	.000	15.865	43.791
3	1	−6.515	5.905	.286	−19.034	6.004
	2	−.622	6.180	.921	−13.723	12.480
	4	29.207*	6.327	.000	15.794	42.619
4	1	−35.722*	6.330	.000	−49.140	−22.304
	2	−29.828*	6.587	.000	−43.791	−15.865
	3	−29.207*	6.327	.000	−42.619	−15.794

基于估算边际平均值。

*. 平均值差值的显著性水平为 0.05。

b. 多重比较调节:最低显著差异法(相当于不进行调整)。

表 8-6 说明通过修正后的均数进行配对法多重比较,可以看出,第二年柑橘施用四种肥料对产量的影响差异是极显著的,说明施肥管理是有效的。

表 8-6 修正后因变量方差分析

单变量检验

因变量: y

	平方和	自由度	均方	F	显著性
对比	3795.938	3	1265.313	12.122	.000
误差	1670.154	16	104.385		

F 检验肥料的效应。此检验基于估算边际平均值之间的线性无关成对比较。

第二节 随机区组设计的协方差分析

[例8-2] 为了比较5种氮肥对柑橘树生长的影响，试验用随机区组设计，5种肥料处理 A_1、A_2、A_3、A_4、A_5，5个区组，以柑橘树的茎围作为生长指标，各小区施肥前茎围（x）作为协变量，施肥后测得的茎围（y）的数据列于表8-7。

表8-7 柑橘施肥前后茎围数据

肥料处理	茎围	区组				
		1	2	3	4	5
A_1	x_1	40.1	42.8	41.7	36.7	42.9
	y_1	42.8	45.4	44.5	39.7	45.9
A_2	x_1	40.4	40.7	35.6	41.6	43.0
	y_1	41.5	43.3	38.1	44.2	46.3
A_3	x_1	38.2	40.2	35.6	37.1	36.4
	y_1	41.3	41.5	38.2	40.3	38.7
A_4	x_1	37.5	34.0	33.8	35.4	35.7
	y_1	40.3	37.4	36.5	38.6	38.8
A_5	x_1	40.0	40.3	38.4	37.8	34.0
	y_1	41.9	45.2	41.7	41.3	36.9

1. 建立数据文件

进入"数据视图"工作表，按图8-9输入数据。

	肥料	x	y	区组
1	1	40.1	42.8	1
2	1	42.8	45.4	2
3	1	41.7	44.5	3
4	1	36.7	39.7	4
5	1	42.9	45.9	5
6	2	40.4	41.5	1
7	2	40.7	43.3	2
8	2	35.6	38.1	3
9	2	41.6	44.2	4
10	2	43.0	46.3	5
11	3	38.2	41.3	1
12	3	40.2	41.5	2
13	3	35.6	38.2	3
14	3	37.1	40.3	4
15	3	36.4	38.7	5
16	4	37.5	40.3	1
17	4	34.0	37.4	2
18	4	33.8	36.5	3
19	4	35.4	38.6	4
20	4	35.7	38.8	5
21	5	40.0	41.9	1
22	5	40.3	45.2	2
23	5	38.4	41.7	3
24	5	37.8	41.3	4
25	5	34.0	36.9	5

图8-9 [例8-2]数据输入格式

2. 统计分析

（1）简明分析步骤　第一步，x、y 线性趋势的初步判断，5 种肥料之间 x、y 线性趋势是否明显，是否符合协方差分析条件。

【图形】→【旧对话框】→【散点图/点图】→【简单散点图】

【定义】→Y 轴："y" \ X 轴："x" \ 标记设置依据："肥料"

【确定】

第二步，协方差分析。

【分析】→【一般线性模型】→【单变量】

因变量："y" \ 固定因子："肥料""区组" \ 协变量："x"

【模型】→"构建项"→"主效应"

模型："肥料" \ 区组；"x"

平方和："I 类"

【继续】

【EM 平均值】→显示下列各项的平均值："品种"

【继续】

【选项】→"描述统计"→【继续】→【确定】

（2）分析关键过程说明　点击【模型】，选择"构建项"，在"类型"中选择"主效应"，分别将因子"肥料""区组"和"x"放入模型框，点击【继续】返回主对话框，如图 8-10。本例是无重复随机区组设计，故只能分析主效应。分析结果如图 8-11，表 8-8、表 8-9 所示。

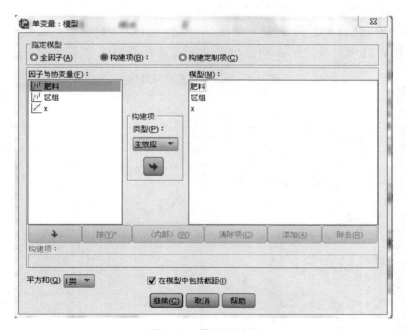

图 8-10　模型对话框

3. 结果说明

从图 8-11 可以看出：

a. 五个肥料处理散点分布情况基本相同，没有明显偏差。

b. 五组中的"x"与"y"都有明显的直线趋势。

c. 五组中直线趋势的斜率相近。

由此，初步判断资料符合协方差分析的要求，可以继续做协方差分析。

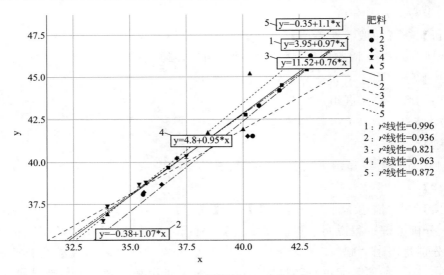

图 8-11　5 种肥料间 x、y 趋势线

从表 8-8 数据看出，修正模型 F 检验极显著，可以认为柑橘树原有茎围（x）和试验后茎围（y）线性关系极显著，也就是 x 对 y 有极显著影响，需要进行协方差修正。修正后肥料处理对茎围的影响极显著，需要进行肥料间多重比较。

表 8-8　协方差分析检验结果

主体间效应检验

因变量：y

源	I 类平方和	自由度	均方	F	显著性
修正模型	197.560[a]	9	21.951	39.930	.000
截距	42460.724	1	42460.724	77237.600	.000
肥料	90.078	4	22.520	40.964	.000
区组	20.486	4	5.122	9.316	.001
x	86.995	1	86.995	158.248	.000
误差	8.246	15	.550		
总计	42666.530	25			
修正后总计	205.806	24			

a. R 方 = .960（调整后 R 方 = .936）。

表 8-9 给出了修正后柑橘树茎围平均值，下方提示表明该修正均数是按原始茎围 38.396 计算的。

表 8-9 肥料间估算边际平均值

估算值

因变量：y

肥料	平均值	标准误差	95％置信区间	
			下限	上限
1	41.148[a]	.387	40.323	41.973
2	40.764[a]	.365	39.986	41.542
3	40.921[a]	.340	40.197	41.645
4	41.523[a]	.418	40.632	42.414
5	41.704[a]	.332	40.996	42.413

a. 按下列值对模型中出现的协变量进行求值：$x = 38.396$。

第九章

聚类分析

聚类分析（cluster analysis）又称为"群分析"，是根据"物以类聚"的原则，即同类应当具有相似的特征，异类具有不同的特征，对样品或指标进行聚类的一种多元统计分析方法。其中，对指标（变量）的聚类分析称为 R 型聚类分析，对个体或样品的聚类分析称为 Q 型聚类分析。

第一节 指标（或变量）聚类

指标聚类又称变量聚类，是将 m 个指标（变量）归为 n 类的方法（一般 $m > n$）。无论是指标聚类还是样品聚类，关键在于相似性或距离（差异）的定义，用于 R 型聚类分析的聚类统计量为相似系数，距离系数越小或相似系数越大，代表变量之间的差异越小，越有可能归为一类。

[例 9-1] 5 个土壤样本，每个样本测 6 个氧化物含量，其数据列于表 9-1，试用 SPSS 对数据进行指标聚类分析。

表 9-1　土壤氧化物含量

样本	氧化物					
	二氧化硅	氧化铝	氧化铁	氧化镁	氧化钙	氧化钠
1	48.529	15.403	3.343	7.629	8.665	2.880
2	53.211	16.574	5.525	4.742	7.631	3.431
3	62.485	16.446	2.317	2.049	4.004	3.773
4	59.491	17.686	3.598	1.441	3.827	5.481
5	73.734	13.389	1.000	0.429	1.039	3.452

1. 数据输入

打开 SPSS，点击左下角的"数据视图"，进入数据视图工作表，按照题目数据依次输入，如图 9-1 所示。

	二氧化硅	氧化铝	氧化铁	氧化镁	氧化钙	氧化钠
1	48.529	15.403	3.343	7.629	8.665	2.880
2	53.211	16.574	5.525	4.742	7.631	3.431
3	62.485	16.446	2.317	2.049	4.004	3.773
4	59.491	17.686	3.598	1.441	3.827	5.481
5	73.734	13.389	1.000	.429	1.039	3.452

图 9-1　[例 9-1] 数据输入格式

2. 统计分析

（1）简明分析步骤

【分析】→【分类】→【系统聚类】

所有变量→变量框＼聚类栏："变量"＼显示栏："统计""图"

【统计】→"集中计划"→【继续】

【图】→"谱系图"→方向："垂直"→【继续】

【方法】→聚类方法："组间联接"→测量："区间""皮尔逊相关性"→标准化："Z 得分"和"按变量"→【继续】

【确定】

(2) 分析过程说明 点击菜单栏【分析】→【分类】→【系统聚类】，弹出"系统聚类分析"对话框，将左侧变量全选，移入变量框，在聚类栏中选择"变量"，在显示栏中选择"统计"和"图"。如图 9-2 所示。

点击【统计】按钮，在对话框中勾选"集中计划"，点击【继续】，如图 9-3 所示。

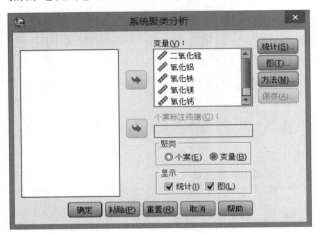

图 9-2　聚类分析主对话框

图 9-3　统计选项对话框

点击【图】，弹出如图 9-4 所示对话框，勾选"谱系图"，在方向栏中选择"垂直"，点击【继续】按钮。

点击【方法】按钮，弹出如图 9-5 所示对话框，在聚类方法下拉列表中选择"组间联接"，在测量栏的"区间"中选择"皮尔逊相关性"，然后在转换值栏的"标准化"下拉列表中选择"Z 得分"，并选择"按变量"选项，点击【继续】按钮。

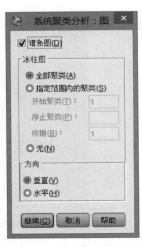

图 9-4　图形选项对话框

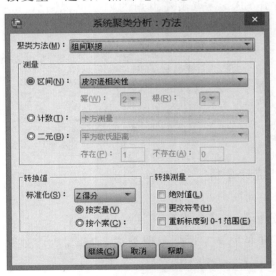

图 9-5　聚类方法对话框

　　点击主对话框中的【确定】按钮，输出分析结果。

3. 结果说明

　　图 9-6 为指标聚类的谱系图，若将指标分为两大类，一类包括氧化镁、氧化钙、氧化铝、氧化铁，另一类包括二氧化硅、氧化钠；如果分成三类，一类指标包括氧化镁、氧化钙、氧化铝、氧化铁，第二类只包括二氧化硅，第三类只包括氧化钠；如果分成四类，第一类指标包括氧化镁、氧化钙，第二类包括氧化铝、氧化铁，第三类包括二氧化硅，第四类包括氧化钠……需要指出的是，聚类分析的结果并不是唯一的，分类的多少需要人为判定，可以根据专业知识选择聚类分析的分类数，并对指标分类的结果进行合理的解释和分析。

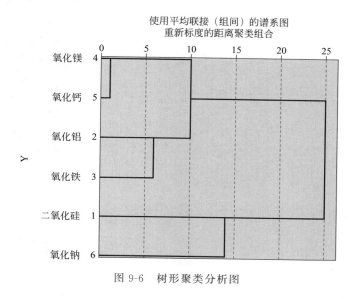

图 9-6　树形聚类分析图

第二节　样品聚类

　　样品聚类就是依据样品（观察对象或研究个体）间数据的亲疏关系或距离远近，将 m 个样品归为 n 类的方法（一般而言 $m > n$），是对有共性的样品进行归类的一种聚类分析方法。

　　[例 9-2] 为了对陡河流域不同断面水污染状况进行评价，取陡河水 13 个断面的水样进行化验，化验结果的标准化数据见表 9-2，试进行聚类并作评价。

表 9-2　陡河水 13 个断面水监测值标准化结果

项目	污染因子									
	DO	COD	BOD_5	酚	氰	悬浮物	油类	硫化物	六价铬	砷
水库东入口	0.44	0.43	0.56	0	0	1.25	1.69	0.12	0	0
水库西入口	0.47	0.41	0.56	0	0	1.00	2.21	0.05	0	0

项目	污染因子									
	DO	COD	BOD_5	酚	氰	悬浮物	油类	硫化物	六价铬	砷
水库中心	0.48	0.43	0.58	0	0	1.13	0.84	0.02	0	0
陡电附近	0.49	0.43	0.44	0	0	2.16	1.54	0.11	0	0
水库出口	0.42	0.44	0.64	0	0	0.87	1.21	0.08	0	0
水机桥	0.43	0.46	0.54	0.4	0.0004	0.86	0.98	0.02	0.03	0.047
焦化厂	0.78	2.11	5.60	223	4.75	1.15	15.54	37.69	0	0.22
张各庄	0.67	1.15	4.70	59.5	1.03	0.58	6.83	0.08	10.12	0.11
电厂桥	0.69	0.63	0.68	2	0.38	2.71	0.60	0.12	0.86	0.02
钢厂桥	0.56	0.63	0.82	0.7	0.08	1.05	4.71	0.22	0.22	0.12
华新桥	0.52	0.71	0.92	0.6	0.09	1.37	7.07	0.47	0.034	0.04
女织宅	0.70	1.77	8.46	1.2	0.05	2.27	5.23	1.13	0	1.08
润河口	0.45	0.65	0.68	0	0.0004	1.13	1.25	0.26	0	0.03

注：DO 为溶解氧；COD 为化学需氧量；BOD_5 为 5 天生化需氧量。

1. 数据输入

进入数据视图，按题目要求依次输入各项数据，如图 9-7 所示。

	监测断面	DO	COD	BOD5	酚	氰	悬浮物	油类	硫化物	六价铬	砷
1	1	.44	.43	.56	.0	.0000	1.25	1.69	.12	.000	.000
2	2	.47	.41	.56	.0	.0000	1.00	2.21	.05	.000	.000
3	3	.48	.43	.58	.0	.0000	1.13	.84	.02	.000	.000
4	4	.49	.43	.44	.0	.0000	2.16	1.54	.11	.000	.000
5	5	.43	.44	.64	.0	.0000	.87	1.21	.08	.000	.000
6	6	.43	.46	.54	.4	.0004	.86	.98	.02	.030	.047
7	7	.78	2.11	5.60	223.0	4.7500	1.15	15.54	37.69	.000	.220
8	8	.67	1.15	4.70	59.5	1.0300	.58	6.83	.08	10.120	.110
9	9	.69	.63	.68	2.0	.3800	2.71	.60	.12	.860	.020
10	10	.56	.63	.82	.7	.0800	1.05	4.71	.22	.220	.120
11	11	.52	.71	.92	.6	.0900	1.37	7.07	.47	.034	.040
12	12	.70	1.77	8.46	1.2	.0500	2.27	5.23	1.13	.000	1.080
13	13	.45	.65	.68	.0	.0004	1.13	1.25	.26	.000	.030

图 9-7 ［例 9-2］数据输入格式

2. 统计分析

（1）简明分析步骤

【分析】→【分类】→【系统聚类】

变量："DO"～"砷"＼个案标注依据："监测断面"＼聚类："个案"＼显示："统计""图"

【统计】→"集中计划""近似值矩阵"→【继续】

【图】→"谱系图"→【继续】

【方法】→聚类方法："组间联接"→测量区间："平方欧式距离"→标准化："Z得分"和"按变量"→【继续】

【确定】

（2）分析过程说明 点击菜单栏【分析】→【分类】→【系统聚类】，弹出如图9-8所示对话框，将变量"DO"～"砷"全部选中，放入变量框中，然后将分类变量"监测断面"放入个案标注依据框中，聚类栏中选择"个案"作样品聚类分析，在显示栏中选择"统计"和"图"。

点击【统计】，弹出如图9-9所示对话框，勾选"集中计划""近似值矩阵"，然后点击【继续】。选中"集中计划"，可输出聚类过程的详细记录，给出每一步中类合并的细节数据；选中"近似值矩阵"则列出研究对象或指标的距离或相似性矩阵。

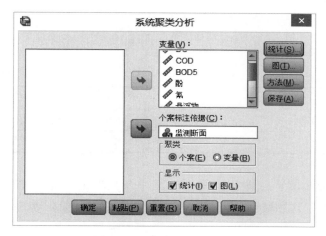

图9-8 聚类分析主对话框

图9-9 统计选项对话框

点击【图】，勾选"谱系图"，点击【继续】。如图9-10所示。

点击【方法】按钮，如图9-11所示，在聚类方法下拉列表中选择系统默认的"组间联接"，大量实践证明这是一种非常优秀和稳健的方法，所以一般使用该默认值即可；在测量栏的"区间"中选择"平方欧式距离"，距离一般用于对样品的聚类，所以

图9-10 图形选项对话框

图9-11 聚类方法

选择系统默认的平方欧氏距离即可，皮尔逊相关性一般用于指标（或变量）的聚类；在"标准化"下拉列表中选择"Z得分"，表示做标准正态变换，这是基于变量间方差的变异过大可能会影响结果，需进行变量的标准化，系统提供了7种变量转换的方法，并选择"按变量"选项，点击【继续】。

点击【确定】，输出结果。如表9-3、表9-4和图9-12、图9-13所示。

3. 结果说明

表9-3为有效的个案数和缺失值数及所占的百分比。本例指明有13个样品参与分析，没有缺失值。

表 9-3　　［例 9-2］个案处理摘要表

个案处理摘要a

个案

	有效		缺失		总计	
个案数	百分比	个案数	百分比	个案数	百分比
13	100.0%	0	0.0%	13	100.0%

a. 平方欧氏距离 使用中。

表9-4为系统聚类过程的详细步骤，也即前面勾选"集中计划"的结果，从表中可以看出，第一步断面5（水库出口）和断面6（水机桥）先聚为一类，第二步断面2（水库西入口）和断面3（水库中心）聚为一类；直到最后全部指标聚为一类。

表 9-4　系统聚类过程

集中计划

阶段	组合聚类		系数	首次出现聚类的阶段		下一个阶段
	聚类 1	聚类 2		聚类 1	聚类 2	
1	5	6	.039	0	0	5
2	2	3	.156	0	0	3
3	1	2	.209	0	2	4
4	1	13	.263	3	0	5
5	1	5	.365	4	1	7
6	10	11	.781	0	0	7
7	1	10	2.309	5	6	8
8	1	4	3.550	7	0	9
9	1	9	10.018	8	0	10
10	1	8	24.404	9	0	11
11	1	12	34.284	10	0	12
12	1	7	65.621	11	0	0

图9-12为冰柱图，冰柱图横轴为分析的指标（样本），纵轴是聚类的类别数目。冰柱图反映了聚类的过程，具体解读时从下往上看。如图中最上边有指标的横轴可被视作"屋檐"，以屋檐"冰柱"逐渐融合的现象反映"物以类聚"的具体过程和步骤：第一步5（水库出口）和6（水机桥）合并，聚为一类；第二步，2（水库西入口）和3

（水库中心）合并；第三步，2（水库西入口）、3（水库中心）和 1（水库东入口）合并；第四步，2（水库西入口）、3（水库中心）、1（水库东入口）和 13（涧河口）合并……依次进行合并，直到所有样本全部合并。

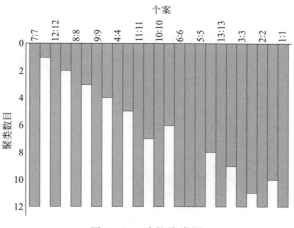

图 9-12　　冰柱聚类图

　　图 9-13 为样品聚类的谱系图，若将样本分为两大类，一类包括 7（焦电厂），另一类包括其他所有样本；如果分成三类，一类样本包括 7（焦电厂），第二类只包括 12（女织宅），第三类包括其他所有样本；如果分成 4 类，第一类包括 7（焦电厂），第二类包括 12（女织宅），第三类包括 8（张各庄），第四类包括其他所有样本……需要指出的是，聚类分析的结果并不是唯一的，分类的多少需要人为判定，可以根据专业知识选择聚类分析的分类数，并对指标分类的结果进行合理的解释和分析。

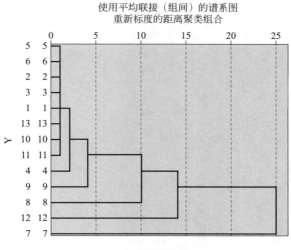

图 9-13　树形聚类图

第十章

主成分分析

在科研工作中，经常遇到多指标或多因素（多变量）测定或调查研究的问题，比如影响水稻产量的有抽穗期、株高、分蘖数、千粒重、单株穗数、主穗长、主穗粒数等指标。这些不同指标或因素之间往往存在一定的相关性，为了能够正确且简便地整理这些错综复杂的关系，可用多元统计的方法来处理这些数据，以便简化数据。

主成分分析（principal component analysis，PCA），是一种统计方法，通过正交变换将一组可能存在相关性的变量转换为一组线性不相关的变量，转换后的这组变量叫主成分。主成分分析就是把原有的多个指标转化成少数几个代表性较好的综合指标，这少数几个指标能够反映原来指标大部分的信息（85%以上），并且各个指标之间保持独立，避免出现重叠信息。主成分分析起着降维和简化数据结构的作用。最后得到的代表性的综合指标就称为主成分。

[**例 10-1**] 将长期定位试验玉米成熟期 9 种土壤化学性质指标和 6 种土壤微生物活性指标组成的土壤生物肥力性质作为评价指标，对不同施肥条件下的土壤质量水平（见表 10-1）进行主成分分析。

表 10-1 长期不同施肥对土壤化学性质和土壤微生物活性的影响

处理	有机碳/(g/kg)	总氮/(g/kg)	总磷/(g/kg)	总钾/(g/kg)	碱解氮/(mg/kg)	速效氮/(mg/kg)	有效磷/(mg/kg)	有效钾/(mg/kg)
OM	9.83a	1.331a	0.642b	17.3cd	34.81a	14.88b	12.38b	141.6c
1/2OM	7.65b	1.023b	0.636b	17.9cd	24.3b	12.22bc	9.61c	120.2d
NPK	5.15c	0.678c	0.619b	17.4bcd	20.25bc	8.98cd	6.70d	125.6d
NP	4.86c	0.708c	0.627b	17.5bc	19.75bc	12.16bc	7.16d	47.2f
PK	3.70d	0.553d	0.737a	18.5a	14.05cd	6.90d	20.19a	275.8b
NK	3.47d	0.538de	0.449c	16.8d	23.54b	21.21a	1.12e	301.9a
CK	2.69e	0.517e	0.461c	17.7bc	12.66d	6.71d	1.10e	61.3e

处理	pH	微生物量碳/(mg/kg)	微生物量氮/(mg/kg)	脲酶(以 NH_4^+-N 计)/[mg/(g·d)]	转化酶(以葡萄糖计)/[mg/(g·d)]	FDA 酶(以 FDA 计)/[mg/(kg·h)]	脱氢酶(以 TPF 计)/[mg/(kg·d)]
OM	8.01b	388.22a	80.59a	2.31a	24.62a	42.05a	199.15a
1/2OM	8.16ab	281.86b	66.33b	2.23a	23.45b	18.02b	147.37b
NPK	8.13ab	172.00c	40.55c	1.59a	16.94c	20.57b	113.28c
NP	8.18ab	149.12cd	34.56cd	1.42a	14.44d	19.59b	112.79c
PK	8.26a	144.61cd	25.19d	1.07c	11.24e	18.26b	104.86c
NK	8.20a	100.41de	24.98d	0.90c	8.40f	8.00c	57.37d
CK	8.25a	76.86e	30.07cd	0.68d	8.35f	8.30c	57.14d

注：OM 为施有机肥；1/2OM 为有机肥、无机肥配合施；NPK 为施氮磷钾肥；NP 为施氮磷肥；PK 为施磷钾肥；NK 为施用氮钾肥；CK 为空白对照。

1. 数据输入

按图 10-1 所示输入数据。

	x2	x3	x4	x5	x6	x7	x8	x9	x10	x11	x12	x13	x14	x15
1	1.331	.642	17.30	34.81	14.88	12.38	141.60	8.01	388.22	80.59	2.31	24.62	42.05	199.15
2	1.023	.636	17.90	24.30	12.22	9.61	120.20	8.16	281.86	66.33	2.23	23.45	18.02	147.37
3	.678	.619	17.40	20.25	8.98	6.70	125.60	8.13	172.00	40.55	1.59	16.94	20.57	113.28
4	.708	.627	17.50	19.75	12.16	7.16	47.20	8.18	149.12	34.56	1.42	14.44	19.59	112.79
5	.553	.737	18.50	14.05	6.90	20.19	275.80	8.26	144.61	25.19	1.07	11.24	18.26	104.86
6	.538	.449	16.80	23.54	21.21	1.12	301.90	8.20	100.41	24.98	.90	8.40	8.00	57.37
7	.517	.461	17.70	12.66	6.71	1.10	61.30	8.25	76.86	30.07	.68	8.35	8.30	57.14

图 10-1 　〔例 10-1〕数据输入格式

2. 统计分析

（1）简明分析步骤

【分析】→【降维】→【因子】

变量（V）框："x_1"，…，"x_{15}" 　　　　　选入做主成分分析的变量

【描述】

√单变量描述 　　　　　　　　　计算基本统计量

√初 始 解 　　　　　　　　　　输出原始分析结果

√系 数 　　　　　　　　　　　计算相关系数

√显著性水平 　　　　　　　　　相关系数显著性检验的 P 值

【继续】

【提取】

方法（M）下拉菜单："主成分" 　　　主成分分析法

分析："相关性矩阵" 　　　　　　输出相关矩阵

提取："基于特征值"-特征值大于："1" 　选取大于 1 的特征根对应的主成分

输出：未旋转因子解 　　　　　　　输出非旋转因子的结果

最大收敛迭代次数（X）框："25" 　　收敛计算中最大迭代次数

【继续】

【确定】

（2）分析过程说明

① 单击【分析】→【降维】→【因子】，如图 10-2 所示。弹出"因子分析"主对话框，按三角箭头按钮将变量"x_1"，…，"x_{15}"置入变量（V）框内，如图 10-3 所示。

② 单击图 10-3 中的【描述】按钮，弹出主成分分析中的"因子分析：描述"对话框，选择所需项目，如图 10-4 所示。按【继续】键返回。

图 10-4 主成分分析中的统计描述对话框主要选项说明：

统计栏选项说明如下。

a. 单变量描述：可输出每个变量的均数、标准差

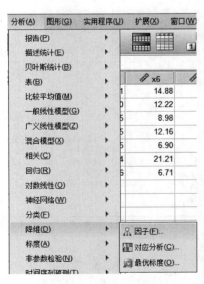

图 10-2 分析过程步骤

和样本量。

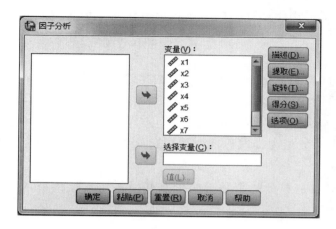

图 10-3　因子分析主对话框

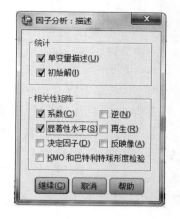

图 10-4　因子分析描述对话框

b. 初始解：输出原始分析结果，给出各因子的特征根及其占相应特征根总和的百分比和累计百分比（贡献率）。

相关性矩阵栏选项说明如下。

a. 系数：列出所有变量间的相关系数矩阵。

b. 显著性水平：列出所有相关系数显著性检验的 P 值。

③ 单击如图 10-3 中的【提取】按钮，弹出主成分分析中的信息提取的参数设置"因子分析：提取"对话框，选择所需项目，如图 10-5 所示。按【继续】返回，单击【确定】输出表 10-2～表 10-5 的结果。

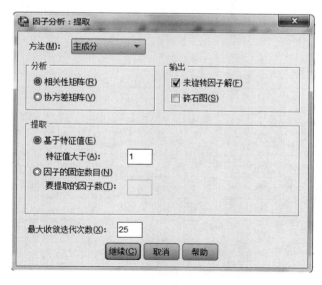

图 10-5　因子分析：提取对话框

图 10-5 主成分分析中的信息提取的参数设置对话框主要选项说明如下。

方法（M）下拉菜单：提供了 7 种用于选择公因子的提取方法，一般选取系统默认的主成分分析方法。

分析栏：

a. 相关性矩阵：使用变量间的相关矩阵进行分析，一般选择此项即可。

b. 协方差矩阵：使用变量间的协方差矩阵进行分析。

提取栏：用于设定公因子（主成分）的提取标准

a. 基于特征值：以特征根大于某数值为提取标准，系统默认为 1，即选取数值大于 1 的所有特征根对应的主成分。

b. 因子的固定数目：自定义提取主成分的个数，如果在其后的矩形框内键入 2，则表示选择两个主成分。

输出栏：

a. 未旋转因子解：显示未经旋转变换因子的提取结果。

b. 碎石图：作特征根与因子相互关系的线图。

最大收敛迭代次数：收敛计算中的最大迭代次数，系统默认为 25。

3. 输出结果

表 10-2　相关性矩阵表

相关性矩阵

		x1	x2	x3	x4	x5	x6	x7	x8	x9	x10	x11	x12	x13	x14	x15
相关性	x1	1.000	0.991	0.428	-0.100	0.878	0.245	0.345	-0.203	-0.894	0.991	0.974	0.965	0.964	0.870	0.961
	x2	0.991	1.000	0.366	-0.107	0.873	0.241	0.308	-0.241	-0.882	0.985	0.983	0.928	0.935	0.867	0.944
	x3	0.428	0.366	1.000	0.669	0.105	-0.403	0.930	0.033	-0.207	0.483	0.311	0.517	0.513	0.570	0.640
	x4	-0.100	-0.107	0.669	1.000	-0.509	-0.783	0.722	-0.026	0.435	-0.014	-0.084	-0.014	0.027	-0.014	0.101
	x5	0.878	0.873	0.105	-0.509	1.000	0.645	0.076	0.040	-0.920	0.850	0.823	0.785	0.755	0.755	0.763
	x6	0.245	0.241	-0.403	-0.783	0.645	1.000	-0.352	0.415	-0.366	0.191	0.169	0.164	0.085	0.060	0.052
	x7	0.345	0.308	0.930	0.722	0.076	-0.352	1.000	0.284	-0.099	0.437	0.239	0.367	0.367	0.522	0.552
	x8	-0.203	-0.241	0.033	-0.026	0.040	0.415	0.284	1.000	0.207	-0.138	-0.303	-0.250	-0.306	-0.161	-0.211
	x9	-0.894	-0.882	-0.207	0.435	-0.920	-0.366	-0.099	0.207	1.000	-0.864	-0.853	-0.821	-0.818	-0.868	-0.832
	x10	0.991	0.985	0.483	-0.014	0.850	0.191	0.437	-0.138	-0.864	1.000	0.966	0.944	0.948	0.891	0.971
	x11	0.974	0.983	0.311	-0.084	0.823	0.169	0.239	-0.303	-0.853	0.966	1.000	0.931	0.949	0.800	0.909
	x12	0.965	0.928	0.517	-0.014	0.785	0.164	0.367	-0.250	-0.821	0.944	0.931	1.000	0.994	0.785	0.938
	x13	0.964	0.935	0.513	0.027	0.755	0.085	0.367	-0.306	-0.818	0.948	0.949	0.994	1.000	0.795	0.944
	x14	0.870	0.867	0.570	-0.014	0.755	0.060	0.522	-0.161	-0.868	0.891	0.800	0.785	0.795	1.000	0.935
	x15	0.961	0.944	0.640	0.101	0.763	0.052	0.552	-0.211	-0.832	0.971	0.909	0.938	0.944	0.935	1.000

续表

		x1	x2	x3	x4	x5	x6	x7	x8	x9	x10	x11	x12	x13	x14	x15
显著性（单尾）	x1		0.000	0.169	0.415	0.005	0.298	0.224	0.331	0.003	0.000	0.000	0.000	0.000	0.005	0.000
	x2	0.000		0.210	0.410	0.005	0.302	0.251	0.301	0.004	0.000	0.000	0.001	0.001	0.006	0.001
	x3	0.169	0.210		0.050	0.411	0.185	0.001	0.472	0.328	0.136	0.248	0.118	0.119	0.091	0.061
	x4	0.415	0.410	0.050		0.122	0.019	0.033	0.478	0.165	0.488	0.429	0.489	0.477	0.488	0.415
	x5	0.005	0.005	0.411	0.122		0.059	0.436	0.466	0.002	0.008	0.011	0.018	0.025	0.025	0.023
	x6	0.298	0.302	0.185	0.019	0.059		0.219	0.178	0.210	0.341	0.358	0.363	0.428	0.449	0.456
	x7	0.224	0.251	0.001	0.033	0.436	0.219		0.268	0.416	0.164	0.303	0.209	0.209	0.115	0.099
	x8	0.331	0.301	0.472	0.478	0.466	0.178	0.268		0.328	0.384	0.254	0.294	0.252	0.365	0.325
	x9	0.003	0.004	0.328	0.165	0.002	0.210	0.416	0.328		0.006	0.007	0.012	0.012	0.006	0.010
	x10	0.000	0.000	0.136	0.488	0.008	0.341	0.164	0.384	0.006		0.000	0.001	0.001	0.004	0.000
	x11	0.000	0.000	0.248	0.429	0.011	0.358	0.303	0.254	0.007	0.000		0.001	0.001	0.015	0.002
	x12	0.000	0.001	0.118	0.489	0.018	0.363	0.209	0.294	0.012	0.001	0.001		0.000	0.018	0.001
	x13	0.000	0.001	0.119	0.477	0.025	0.428	0.209	0.252	0.012	0.001	0.001	0.000		0.016	0.001
	x14	0.005	0.006	0.091	0.488	0.025	0.449	0.115	0.365	0.006	0.004	0.015	0.018	0.016		0.001
	x15	0.000	0.001	0.061	0.415	0.023	0.456	0.099	0.325	0.010	0.000	0.002	0.001	0.001	0.001	

该表是玉米成熟期 15 种土壤指标间的相关系数矩阵及相应的单尾 P 值，从中可得出各性状之间的两两相关系数及其显著性。

表 10-3 列出了各公因子的方差比，即按照所选标准提取相应数量主成分后，各变量中的信息分别被提取出的比例。从表中可见 15 个变量的信息提取量都达到了 80% 以上，说明所有的信息都提取得比较充分。

表 10-3 公因子方差表

公因子方差

	初始	提取
x1	1.000	0.993
x2	1.000	0.972
x3	1.000	0.916
x4	1.000	0.935
x5	1.000	0.998
x6	1.000	0.925
x7	1.000	0.989
x8	1.000	0.949
x9	1.000	0.919
x10	1.000	0.984

续表

	初始	提取
x11	1.000	0.946
x12	1.000	0.928
x13	1.000	0.947
x14	1.000	0.847
x15	1.000	0.995

提取方法：主成分分析法。

表 10-4 左边给出了所有特征根及其占相应的特征根总和的百分比（贡献率）和累计百分比（按从大到小次序排列）。表中第一个主成分的特征根为 9.527，占特征根总和的 63.510%，累计贡献率为 63.510%；第二主成分的特征根为 3.234，占特征根总和的 21.559%，累计贡献率为 85.069%；其余主成分依次类推。表 10-4 右边表达了第一、第二、第三主成分的贡献率分别为：63.510%、21.559%、9.883%，三者累计贡献率为 94.952%，已达 85% 以上（根据统计学原理，当各主成分的累积方差贡献率大于 85% 时，即可用来反映系统的变异信息），不需要再增加主成分。

表 10-4　各变量的特征根及相应的贡献率

总方差解释

成分	初始特征值			提取载荷平方和		
	总计	方差百分比	累积/%	总计	百分比	累积/%
1	9.527	63.510	63.510	9.527	63.510	63.510
2	3.234	21.559	85.069	3.234	21.559	85.069
3	1.482	9.883	94.952	1.482	9.883	94.952
4	0.407	2.712	97.664			
5	0.232	1.544	99.207			
6	0.119	0.793	100.000			
7	3.443E-15	2.295E-14	100.000			
8	6.252E-16	4.168E-15	100.000			
9	3.858E-16	2.572E-15	100.000			
10	1.941E-16	1.294E-15	100.000			
11	3.844E-17	2.563E-16	100.000			
12	−7.523E-17	−5.015E-16	100.000			
13	−1.361E-16	−9.075E-16	100.000			
14	−4.802E-16	−3.201E-15	100.000			
15	−7.880E-16	−5.253E-15	100.000			

提取方法：主成分分析法。

表 10-5 给出了 3 个主成分的特征向量，该例题按主成分分析法中特征根大于或等于 1 的原则提取了 3 个主成分。三个主成分用 y_1、y_2、y_3 表示，则表达式分别为：

$y_1 = 0.995x_1 + 0.980x_2 + 0.495x_3 - 0.065x_4 + 0.860x_5 + 0.198x_6 + 0.407x_7 - 0.198x_8 - 0.901x_9 + 0.991x_{10} + 0.955x_{11} + 0.960x_{12} + 0.961x_{13} + 0.911x_{14} + 0.981x_{15}$

$y_2 = -0.059x_1 - 0.084x_2 + 0.789x_3 + 0.964x_4 - 0.463x_5 - 0.808x_6 + 0.797x_7 - 0.041x_8 + 0.326x_9 + 0.024x_{10} - 0.083x_{11} + 0.035x_{12} + 0.071x_{13} + 0.118x_{14} + 0.182x_{15}$

$y_3 = -0.018x_1 - 0.061x_2 + 0.220x_3 - 0.024x_4 + 0.207x_5 + 0.483x_6 + 0.434x_7 + 0.953x_8 + 0.042x_9 + 0.042x_{10} - 0.164x_{11} - 0.068x_{12} - 0.137x_{13} + 0.056x_{14} + 0.004x_{15}$

表 10-5　三个主成分的特征向量

成分矩阵[a]

	成分		
	1	2	3
x1	0.995	−0.059	−0.018
x2	0.980	−0.084	−0.061
x3	0.495	0.789	0.220
x4	−0.065	0.964	−0.024
x5	0.860	−0.463	0.207
x6	0.198	−0.808	0.483
x7	0.407	0.797	0.434
x8	−0.198	0.041	0.953
x9	−0.901	0.326	0.042
x10	0.991	0.024	0.042
x11	0.955	−0.083	−0.164
x12	0.960	0.035	−0.068
x13	0.961	0.071	−0.137
x14	0.911	0.118	0.056
x15	0.981	0.182	0.004

提取方法：主成分分析法。

a. 提取了 3 个成分。

◆ 参考文献 ◆

[1] 刘小虎. SPSS 12. 0 for Windows 在农业试验统计中的应用. 沈阳: 东北大学出版社, 2007.

[2] 陈吉, 赵炳梓, 张佳宝, 沈林林, 王芳, 钦绳武. 主成分分析方法在长期施肥土壤质量评价中的应用. 土壤, 2010, 42 (3): 415-420.

[3] 解虹娥, 武宗信, 负白茹. 甘薯高产施肥技术的研究. 山西农业科学, 1996, 24(3): 36-39.

[4] 侯庆山, 杜立树. 水稻高产施肥数学模型研究及应用. 安徽农业科学, 2008, 36(13): 5537-5539.

[5] 张力. SPSS 在生物统计中的应用. 第 2 版. 厦门: 厦门大学出版社. 2008.

[6] 白厚义. 试验方法及统计分析. 第 1 版. 北京: 中国林业出版社, 2005.

[7] 盖钧镒. 试验统计方法. 北京: 中国农业出版社, 2000.

[8] 方洛云, 周先林. SPSS 20. 0 在生物统计中的应用. 北京: 中国农业大学出版社, 2015.

[9] 张力. SPSS19. 0 在生物统计中的应用. 厦门: 厦门大学出版社, 2013.

[10] 薛薇. 统计分析与 SPSS 的应用. 第五版. 北京: 中国人民大学出版社, 2017.